# 草木有本心

CAOMU
YOU
BENXIN

薪火文创社〇编著

陕西新华出版

陕西科学技术出版社
Shaanxi Science and Technology Press
西安

**图书在版编目（CIP）数据**

草木有本心 / 薪火文创社编著 . — 西安：陕西科
学技术出版社，2018.1（2024.4重印）
（传统文化走进生活）
ISBN 978-7-5369-7141-7

Ⅰ.①草… Ⅱ.①薪… Ⅲ.①植物 – 中国 – 青少年读
物 Ⅳ.① Q94-49

中国版本图书馆 CIP 数据核字 (2017) 第 310425 号

## 草木有本心

### 薪火文创社　编著

| | |
|---|---|
| 策　　划 | 孙　玲　晏　藜 |
| 责任编辑 | 郭敬琦　赵泰俪 |
| 封面设计 | 象上设计 |
| 版式设计 | 诗风文化 |

| | |
|---|---|
| 出 版 者 | 陕西科学技术出版社 |
| | 西安市曲江新区登高路1388号陕西新华出版传媒产业大厦B座 |
| | 电话（029）81205187　传真（029）81205155　邮编710061 |
| | http://www.snstp.com |
| 发 行 者 | 陕西科学技术出版社 |
| | 电话（029）81205180　81206809 |
| 印　　刷 | 河北鹏润印刷有限公司 |
| 规　　格 | 787mm×1092mm　　16开本 |
| 印　　张 | 8.25 |
| 字　　数 | 85千字 |
| 版　　次 | 2018年1月第1版 |
| | 2024年4月第2次印刷 |
| 书　　号 | ISBN 978-7-5369-7141-7 |
| 定　　价 | 38.00元 |

# 序 言

## 草木之心

唐代文人张九龄有一首《感遇》诗：

兰叶春葳蕤，桂华秋皎洁。欣欣此生意，自尔为佳节。

谁知林栖者，闻风坐相悦。草木有本心，何求美人折！

诗的意思是说，春天的兰叶鲜翠欲滴，秋天的桂花皎洁清新，世间的草木都焕发着欣欣向荣的生机，这是因为它们顺应了美好的时令。那些隐居在山林的高人，闻到草木的芬芳会满怀喜悦。而一草一木所散发的清香，是源于它们自己的天性，它们并不会刻意祈求人们来欣赏和攀折。

这本小书的书名便是取自诗中"草木有本心"一句，草木的"本心"，就是草木本身所具有的、被大自然赋予的天性：霜雪渐消，梅花便绽放了；东风一吹，春草泛绿，杏花、桃花、海棠花热热闹闹地开了；夏天正热，池塘内的小荷露出尖尖角来，让人顿觉清凉；秋霜落下，菊花金黄，枫叶灿若云霞，成熟的葡萄与梨挂在枝头……

我们在大自然中生活，无时无刻不感受着花草树木的"本心"赋予我们的诗情画意。一朵花的绽放会让你喜悦，一片叶的凋零也可能让你感伤；炎炎夏日的街道，你会因为有了树木的浓荫而收获一丝凉爽，凛凛寒冬，你也会在踏雪寻梅中找到心灵的宁静。

中国古人的生活与草木息息相关。起初，古人由于植物常见而经常吟咏它们，到后来，草木渐渐成为了人们抒情的对象，成为感情的承载物。草木的萌发、绽放、成熟、凋零，都会与人的情感遥相呼应。今天的我们，看似离古代很遥远，但这种以草木来传达感情的传统却依然真实地流淌在每个人的血脉里。

古人以桃李言春，以梧桐代秋，以兰言君子，以芭蕉喻愁；红豆代表相思，萱草象征母爱，梨花总与春雨同时出现，海棠浓艳似美人。今天的我们看到桃花，觉得它象征着爱情，看到梅花，觉得它自有一分傲骨。牡丹雍容华贵，菊花隐逸恬淡，莲花代表出淤泥而不染的品格，竹子则象征着坚贞不屈的气节。春花烂漫，我们不仅欣赏它的美，更会在心底有一份"惜春"式的感慨，如果看到落花，便会觉得无限惆怅，绵延几千年的"伤春"就登场了。从草木身上，我们能够寻求与古人的精神对话。

"草木有本心"，正是这份草木之心，带给我们一个五彩斑斓又有情有义的世界。请大家打开这本书，开始用心观察草木、品读草木、理解草木，用心去聆听草木讲述的故事，在一花一叶之间感悟生命的美与传统草木文化的魅力吧！

# 目 录

第一章　春之木

# 桃之夭夭

桃之夭夭，灼灼其华。
之子于归，宜其室家。

——《诗经·桃夭》

农历三月有个好听的名字，叫作桃月。古人把整个春天最美好的光阴，全部浓缩在一种花里，这种花就是桃花。

二月惊蛰一过，桃花就含苞吐蕊，准备迎接春天了。到了三月，桃花更是开得"夭夭灼灼"。"夭夭"是草木繁盛茂密的样子，"灼灼"是花开鲜艳的样子，《诗经》用这两个词来形容桃花，是再贴切不过了："看这树桃花开得多么繁茂绚丽，美丽的姑娘就要嫁过门了，她定会使家庭和顺又美满！"桃花在古代，不仅是春光美好的缩影，同时也是爱情和美满婚姻的象征。

　　关于桃花与爱情，有一则动人的故事：一年春天，唐代诗人崔护去都城南门外郊游，在开满桃花的庄园中遇到一位美丽的少女，两人暗生情愫，却都没有道破心事。第二年春天，崔护再次去寻找少女，却发现庄园的大门已上了锁，门外桃花依然绚烂，却再也找不到当年的少女了。他心生惆怅，便在门上题诗道："去年今日此门中，人面桃花相映红。人面不知何处去，桃花依旧笑春风。"后来才知道，这位女子是因为相思过度去世了。崔护悲痛万分，抱着女子的尸首大哭，没想到女子竟然死而复生，二人终成眷属。

　　当然，这只是一则美丽的传说，桃花之美，不仅美在爱情，也美在诗意。古往今来，许多文人墨客都喜爱以桃花来歌咏春天：宋代大文豪苏东坡的诗句"竹外桃花三两枝，春江水暖鸭先知"，描绘了一幅生机盎然的春景图，有动有静，清新可爱；唐代诗仙李白的诗句"桃花流水窅然去，别有天地非人间"，写自己隐居山中，悠然地欣赏桃花与流水相映成趣，惬意得仿佛置身天上。明代大才子唐伯虎更是挚爱桃花，他曾专门在苏州购置一座院落，遍植桃花，给它取名为"桃花庵"，并称自己是"桃花庵主"。他还写过一首著名的《桃花庵诗》："酒醒只在花前坐，酒醉还来花下眠。"风流才子在桃花之下泼墨挥毫、洒脱逍遥，着实让人艳羡。

　　中国是桃的故乡，至今已有三千多年的桃树栽培历史了。桃可分为观赏桃和食用桃两大类，可供观赏的桃花有桃红、嫣红、粉红、殷红、

草木有本心

紫红、朱红等许多颜色，盛放之时，云蒸霞蔚，让人眼花缭乱。而食用桃的主要价值当然就在于桃子了。桃子鲜嫩多汁，有补血益气的功效，被人们列为"五果之首"（五果分别是桃、李、杏、梨、枣）。

传说中，桃子是神仙吃的果实，吃仙桃可以长生不老，得道成仙。《西游记》里，王母娘娘做寿时，就曾设蟠桃盛会招待群仙。正因为此，桃子也成了长寿的象征，被称为"仙桃""寿桃"。年画上的老寿星手里总是拿着仙桃，给老人过生日时要送桃形的馒头，以祝福老人健康长寿。

不但桃有仙缘，连桃木都有神性。古人认为桃木是"仙木"，能避邪，一切妖魔鬼怪见了它都逃之夭夭。而我国最早的春联就是用桃木板做的，因此又被称为"桃符"。

花朵好看，果实好吃，又承载着最美好的寓意……桃真可谓是"集万千宠爱于一身"了。阳春三月，愿你也能徜徉于桃红柳绿，感受这一份生命的美好与明艳。

5

清明时节雨纷纷，路上行人欲断魂。
借问酒家何处有，牧童遥指杏花村。

——杜牧《清明》

有人认为，杏花是一种很"俗"的花。早春开放的群芳里，桃花常与"仙人""天上"有关，带有一种逍遥出世的意味。梅花则往往象征着遗世独立、清高雅致的隐士生活。而杏花，被人提及时却总还带着一个"村"字，这便成了一个美好的去处——杏花村。

早春的江南，杏花正好。屋舍外，水田畔，篱笆旁，一树树杏花悄悄然开放了。它不挑地方，也不挑人，上到文人才子，下至乡野村夫，杏花在他们面前开得都是一样的好，谁也不取悦，谁也不轻视。杏花的"俗"，就俗在它最"接地气"，最贴近生活。

　　杏花带着一份人间烟火的诗意，让人觉得亲近。古来描写杏花的名句很多，无一不带有浓重的生活气息。隔着杏花，我们可以近距离"围观"古人的生活："借问酒家何处有，牧童遥指杏花村"，清明冒着蒙蒙细雨去沽酒，那黄牛背上的牧童遥遥一指，远处山村中杏花开得如烟如云，其中隐隐约约有一面"酒"字旗正迎风招展。杜牧诗里的酒香与杏花香，千百年来的清明时节，人们都在传唱着。

　　"沾衣欲湿杏花雨，吹面不寒杨柳风"，是宋代僧人志南的名句。杏花微雨、杨柳春风的时节，人们出门踏青，一年的春色一下子就涌到眼前。

　　"小楼一夜听春雨，深巷明朝卖杏花"，陆游这句诗更是充满了鲜活的市井气息。春雨淅淅沥沥下了一夜，早晨起来，小巷里有人踏着湿润的青石板路，沿街叫卖着："杏花啊，刚折下的新鲜杏花啊！"江南的春天就在这卖花声里苏醒过来了，这是一种多么宁静而喜悦的感受啊。

　　"红杏枝头春意闹"与"一枝红杏出墙来"两句，把"俗"杏花写得热闹非凡：春天来了，杏花跳呀，笑呀，闹呀，铆足了劲，要把这春的活力发挥到淋漓尽致！她像极了美丽的乡村姑娘，浑身上下散发着美丽而又健康的光芒，她热情、活泼，对谁都笑眯眯的，一点也不娇气、不做作、不自恃清高。"俗"杏花，俗得多么可爱。

杏花还有个妙用：美容养颜。杏花可以营养肌肤，祛除人脸上的粉滓。据记载，宋代的人们就已经用杏花来洗脸治斑点了。明代古籍里有一个美容秘方，叫"杨太真红玉膏"，就是用杏花和杏仁等原料制成的。相传是杨贵妃美容专用的"面膜"。

在中国传统文化中，杏花是十二花神之二月花，它对应的花神是唐代的杨贵妃。杨贵妃有倾国倾城之貌，虽然在后宫中集三千宠爱于一身，但安史之乱时，马嵬兵变，玄宗因为顾及将士的请求，无奈处死了杨贵妃。相传战乱过后，玄宗派人取回杨贵妃的尸骨时，只见一片片雪白的杏花迎风而舞。他回宫后，命道士去寻找杨贵妃的魂魄，而此时的杨贵妃已是仙山上司职二月杏花的花神了。

"春日游，杏花吹满头"，不论是城市中的公园，还是乡村的田间地头，总有"俗"杏花的身影。杏花会变色，含苞欲放时为红色，随着花瓣渐渐展开，色彩便由浓转淡，花谢时已成为雪白色。有趣又可爱的杏花，且去寻寻它吧！

# 离人之柳

渭城朝雨浥轻尘，客舍青青柳色新。

劝君更尽一杯酒，西出阳关无故人。

——王维《送元二使安西》

在中国传统文化里，柳是一种特殊的植物，它代表着离别。中国古人认为，"柳"字与"留"字同音，柳枝正代表了对离人的挽留之情，于是就将柳与送别紧紧联系了起来。

早在先秦时，柳树就开始为人们寄托离情了。在我国最早的诗歌总集《诗经》中，我们的祖先吟唱道："昔我往矣，杨柳依依；今我来思，雨雪霏霏。"杨柳依依，正像是人们分别时的不舍。

从汉朝开始，人们就有了"折柳赠别"的风俗，在临别时折下一枝柳送给远行的人，表示不忍相别、恋恋不舍的心意。当时，灞桥在汉都城

草木有本心

长安的东边，灞河两岸，十里长堤上遍植柳树，由此东去的人们多到此地折柳赠别。一枝绿柳，寄托的是人们心中难分难舍的感情。

因此，人们关于离别的诗中，总也少不了柳的身影。唐代诗人王维送朋友去边疆，写下了"客舍青青柳色新"的诗句；宋代词人柳永送别友人时，也描绘过"杨柳岸，晓风残月"的景色；李白也曾写过长安边"年年柳色，灞陵伤别"的风光。

根据柳树离别的意象，人们还专门创作了曲子《折杨柳》。在边疆塞外，在远离亲朋好友的异地他乡，那些征战四方的将士、背井离乡的游子，每当听到这首哀怨的《折杨柳》，总会思绪翻涌，想起故乡故人。所以这首古曲《折杨柳》，也充满了浓烈的送别与思乡意味。大诗人李白客居洛阳，在一个春夜听到有人用笛子吹《折杨柳》，笛声悠悠地飘来，勾起他对家乡的思念，于是他伤感地写下了"此夜曲中闻折柳，何

人不起故园情"。唐代诗人王之涣著名的《凉州词》中，也用"羌笛何须怨杨柳，春风不度玉门关"，来暗示边疆战士们的思乡之情。

诗词中的柳树，常被称作杨柳。而提到"杨柳"，不少人都有个疑问：杨柳杨柳，究竟是杨树、柳树，还是这两种植物的合称呢？其实，杨柳只是古代人们对柳树的雅称，跟杨树没有任何关系。相传，隋炀帝杨广登基后，下令开凿运河通济渠，有大臣建议在河堤上种柳，既能巩固河堤，又能供游人乘凉。隋炀帝深以为然，他在河堤上亲自栽植柳树一棵，并御书赐柳树姓"杨"，让它享受与帝王同姓的"殊荣"。从此，柳树便有了"杨柳"之美称。

柳树的"老家"就在中国，古人栽培柳树已有四千多年的历史了。相传，远古时代的鱼凫国就曾在边境上种植柳树来划定疆界。柳树耐寒、耐涝、耐旱，生命力极强，从古到今，源源不断地给人们提供了许多生活材料：柳树树皮可作器具和造纸原料，柳枝可以编织提篮等用具，柳木韧性大，可做小农具、小器具或烧制成木炭，柳絮可填塞椅垫和枕头，而柳枝和柳树的根须则能医用，为人们祛风除湿。

"无心插柳柳成荫"，大概正是因为柳树顽强的生命力和无处不在的身影，才能时时提醒远在他乡的游子们，不要忘记故乡与故人。

梨花带雨

燕子来时新社，梨花落后清明。

——晏殊《破阵子》

梨花一枝春带雨。

梨花开落在清明前后，宋代词人王雱曾在《眼儿媚》中写道："海棠未雨，梨花先雪，一半春休。"是说到梨花开的时候，春光已过半。在诗人的笔下，梨花往往与春雨交织在一起，笼着春将尽时人们的愁绪。而带雨的梨花惹人怜爱，常被用来形容哭泣的美人。"梨花一枝春带雨"，就是白居易在诗歌《长恨歌》中，形容哭泣的太真仙子的诗句。

梨花轻盈纯洁，有一种属于春天的明快。晏殊的《破阵子》中，曾经描绘了宋朝时活泼的春日景象："燕子来时新社，梨花落后清明。"

草木有本心

句中的春社起源于上古，盛于唐宋。每年的这一日，人们祭祀土神，祈求丰收，饮酒欢宴。此时，春风渐暖，燕子也从南方回到北方，衔来新泥在屋檐下筑窝。正是一年春天的开始，不知不觉，叶子悄悄长大，春花开了又谢，到梨花落时，便是万物萌动的清明时节。雪片一般纷纷扬扬的梨花，与之后词中"笑从双脸生"的少女前后呼应，令人赏心悦目。

梨花似雪，花开之时，远远望着山野上花开满枝的梨树，整个山坡都像落满了雪。因此诗人们常以雪花比喻梨花，但唐代诗人岑参却在自己的诗歌《白雪歌送武判官归京》中反其道而行之。他这么写道："北风卷地白草折，胡天八月即飞雪。忽如

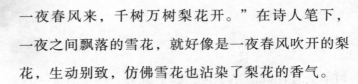

一夜春风来，千树万树梨花开。"在诗人笔下，一夜之间飘落的雪花，就好像是一夜春风吹开的梨花，生动别致，仿佛雪花也沾染了梨花的香气。

梨树是果树，除却梨花能够供人欣赏之外，梨子也是人们常吃的水果。梨树在中国的种植历史十分久远，大约成书于战国时期的《山海经》就曾提到过它了。可见自两千多年前，中国人就已经发现了这种香甜美味的水果。关于吃梨，有一个家喻户晓的典故：孔融让梨。唐代李贤在注解《后汉书》时引用了《融家传》中："年四岁时，每与诸兄共食梨，融辄引小者。"这个故事被编入经典启蒙读物《三字经》："融四岁，能让梨。弟于长，宜先知。"教导大家要向孔融学习，从小尊敬兄长。

梨除了可以生吃，还可以酿酒，制作梨脯、梨

草木有本心

膏糖等食品。梨膏糖是江南特产，有止咳化痰的功效。从前小孩子们咳嗽，大人就会拿来梨膏糖给小孩子吃。而比起一般的苦口中药，梨膏糖味道甘甜，更受孩子们的欢迎。如今，大部分梨膏糖都只是糖果，不再作为药品生产，但其中传承的江南传统文化却依稀仍在。

梨树还有一个特殊身份，这个身份要从唐玄宗说起。有着极高音乐造诣的唐玄宗，曾在一些乐舞表演子弟中选取了三百人，亲自教于梨园，"声有误者，帝必觉而正之"。于是这三百子弟，也被称作皇帝的"梨园弟子"。从此，戏曲演员又被称为梨园弟子，唐玄宗也被尊为中国戏曲的祖师爷。安史之乱后，唐朝由盛转衰，当初由帝王亲手调教过的梨园弟子，也已进入暮年。大诗人白居易的《长恨歌》中写道："梨园弟子白发新"，正是写他们在面对国破家亡之际回忆起昔日的盛唐，心中生出无限的憾恨。

如今，在西安大明宫遗址公园，复原了一大片梨花林。我们与盛唐之间，虽然已经相隔千余年，但枝头的梨花却依然与千年之前一样，轻盈如雪，洁白无瑕。

## 海棠春睡

东风袅袅泛崇光，香雾空蒙月转廊。

——苏轼《海棠》

海棠是花中的睡美人。每年的四五月间，正是海棠花陆续开放的时节。园林中、公园里，常常可以看见海棠树迎风俏立，粉红色的繁花缀满枝头。

相传唐玄宗曾经用海棠花来比喻酒醉未醒的杨贵妃，他说道："岂妃子醉，直海棠睡未足耳！"海棠花自然不会睡觉，酒醉不醒的正是容颜娇艳胜似海棠的贵妃。不过从此以后，海棠就与美人联系在一起。苏东坡还据此写了一首著名的《海棠》诗："东风袅袅泛崇光，香雾空蒙月转廊。只恐夜深花睡去，故烧高烛照红妆。"

在明代的一本古籍《群芳谱》中，曾记录有四种海棠，分别是西府海棠、垂丝海棠、贴梗海棠和木瓜海棠，它们被合称为"海棠四品"。这四种海棠中，后两种和前两种亲缘关系较远，形态差异也较大。

西府是古时候陕西宝鸡的别称，西府海棠因盛产于这里而得名。西府海棠花苞玫红，开花后，花朵粉中带白，是一种有香气的海棠花。现代作家张爱玲曾经化用古人的话说起她的"人生三恨"——一恨鲥鱼多刺，二恨海棠无香，三恨红楼梦未完。这句话令许多人误以为海棠真的没有香气。事实上，不少海棠都是有香气的。唐朝

段成式曾在笔记小说集《酉阳杂俎》中记录道："嘉州海棠，色香并胜。"嘉州是现在的四川乐山，那里的海棠既有色又有香。古代一些诗词之中也曾留下过海棠有香的记录。宋代理学家刘子翚曾经写道："几经夜雨香犹在，染尽胭脂画不成。"宋代诗人吴芾也曾为海棠不平，他在诗中写道："海棠元自有天香，底事时人故谤伤。"如果大家在春天偶遇西府海棠低垂的花枝时，不妨踮起脚尖，闻一闻它到底有没有香气。

垂丝海棠的花朵十分别致。相比起西府海棠短而壮实的花梗，垂丝海棠的花梗显得细长而柔弱。因此在开花之时，垂丝海棠花朵便会垂落下来，一遇微风花梗就轻颤不已，显得"娇弱无力"，十分惹人怜爱。

西府海棠和垂丝海棠的果实都酸酸甜甜，可以食用。西府海棠的果实黄中带红，被称为海棠果，形似山楂而略小。好的品种色泽鲜红，个大皮薄，酸甜适口，既可以生吃，也可以加工成蜜饯。而垂丝海棠的果实则是一颗颗鲜红欲滴的小果子垂在枝头，阳光一照，像是结了一树玛瑙。

贴梗海棠是灌木，花梗极短，厚绢一般的花朵紧贴枝干。花朵的颜色多样，猩红、桃红、白色，有的品种花朵上甚至有两种颜色，美不胜收。清代《广群芳谱》中这样描述贴梗海棠的花："初极红，如胭脂点点然，及开则渐成缬晕，至落则若宿妆残粉矣。"是说它初开时像胭脂一样红，随着它越开越大，色彩便渐渐晕染开，到落的时候便会淡化成宿妆残粉。

海棠自古备受人们喜爱，咏海棠的佳句除了苏轼的《海棠》诗之外，又怎可忘记女词人李清照的《如梦令》？我们不妨跟着这一阙小令，在春天雨过风停的时候，也看一看海棠吧。

　　昨夜雨疏风骤，浓睡不消残酒。

　　试问卷帘人，却道海棠依旧。

　　知否？知否？应是绿肥红瘦。

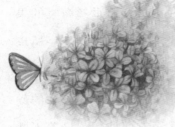

## 丁香结愁

丁香结子芙蓉绦，不系明珠系宝刀。

——曹雪芹《红楼梦》

说起丁香，大约免不了要提到"愁"。

每年四五月间，花坛里、园林间，会有一簇一簇的或白或紫的小花，远看似乎并没有什么特别，但走近时，不但可以闻到香气，还会发现这种小花有个十分特别的地方——未开放的花蕾，看起来就像是一个个打着十字结的微型心脏。

这就是丁香。

丁香原产自华北，在中国的栽种历史至少超过了一千年。"丁香"这个名字的由来，源于丁香花的形状和它的香气。"丁"是一个象形字，清代朱骏声在《说文通训定声》中写道："丁，钻也，象形，今俗以钉为之，其质用金或竹若木。"
因为丁香花看起来像是一枚枚小钉子，又芳香四溢，
所以古人就用"丁"与"香"来命名这种植物。

　　丁香花小而繁密，未开放时的花蕾布满花序，
许多花结密布枝头，因此，丁香还有"百结"这样
一个名字。在中国传统的打结方法中，有一种结，
因为看起来像丁香花蕾而被命名为"丁香结"。《红
楼梦》中就有一句诗这样写道："丁香结子芙蓉绦，
不系明珠系宝刀"，说的是女子打着丁香结、颜色
像芙蓉花一般的丝带上，不装饰明珠而悬挂着宝刀，
比起娇滴滴不出闺阁的闺秀，诗中女子英武之气跃
然纸上。

因为丁香花蕾如结在心，这让多愁善感又想象力丰富的诗人觉得，丁香花蕾之中，郁结着许多愁绪。因此，丁香在中国文化中，渐渐地有了"愁"的意象。究竟是谁第一个将丁香与愁联系在一起，如今已不得而知，但有不少诗人曾描写过丁香与愁。

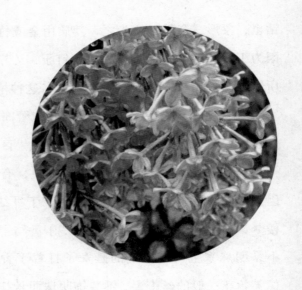

晚唐诗人李商隐曾写过"芭蕉不展丁香结，同向春风各自愁"的诗句。而南唐皇帝李璟则在《摊破浣溪沙》中写道："青鸟不传云外信，丁香空结雨中愁"，描写了雨中丁香。这句诗直接描绘出丁香在雨中的意态，也给民国诗人戴望舒创作的现代诗《雨巷》提供了灵感。

1927 年，22 岁的戴望舒创作出《雨巷》，并因此诗成名，被称为"雨巷诗人"。他在诗中写道："撑着油纸伞，独自 / 彷徨在悠长，悠长 / 又寂寥的雨巷，我希望逢着 / 一个丁香一样的 / 结着愁怨的姑娘。 / 她是有 / 丁香一样的颜色，丁香一样的芬芳，丁香一样的忧愁，在雨中哀怨，哀怨又彷徨。"在这首诗里，与其说这位丁香一般的女子是戴望舒的独创，倒不如说是千年来，所有的诗人们所赋予丁香的愁思，借着戴望舒的笔，结成了一个如梦如幻的形象：她美好，却又看不真切，像隔着水汽一般，亦古亦今，似近而远。《雨巷》是一首诗，又像是一幅画，一段电影，一个梦。

　　尽管丁香千百年来都被赋予了"愁"的意象，但事实上，丁香却总是开得繁盛。虽然每一朵丁香花都很细小，但这些细小的花朵却密密簇拥着开满全树，或白或浅紫，或紫红或紫蓝，非但丝毫没有愁的样子，反而尽情盛开，给春天增添了一抹属于丁香的"紫色香气"。至于那含苞待放的丁香结，也等着你们去探索属于它的新意象。

# 空谷幽兰

兰之猗猗，扬扬其香。

——韩愈《幽兰操》

梅、兰、竹、菊，在中国传统文化中并称为"四君子"，分别象征君子傲、幽、坚、淡的品质，自古以来备受人们钟爱，前辈也留下了无数动人的艺术作品和故事。

兰生幽谷，不以无人而不芳，自古被赋予高贵品格，被视作君子独处却不改高洁志向的象征。

东汉文学家、书法家，同时也是音乐家的蔡邕，曾在《琴操》中记录过一首古琴曲《猗兰操》。据书中记载，此曲是孔子所作，兰也被孔子誉为"王者香"。后来，唐宋八大家之首的韩愈作《幽兰操》诗，在诗中他写道："兰之猗猗，扬扬其香。众香拱之，幽幽其芳。"

以此呼应孔子，用一个"拱"字，突出了兰的高贵地位。

芍药篇中，我们曾提到诗经《郑风》中青年男女互赠芍药的故事，故事里同时也提到了兰草。"溱与洧，方涣涣兮。士与女，方秉蕳兮。"蕳，是生长在水边的泽兰，有香气，青年男女一起走着，手中便执着泽兰。

古往今来，爱兰的名人不胜枚举，其中有两位很有意思。第一位是屈原。屈原在诗中常以香草美人自比，也反复吟咏兰花："滋兰之九畹"，他种植兰花；"纫秋兰以为佩"，他佩戴兰草；"浴兰汤兮沐芳"，他用兰花香汤沐浴。

第二位是苏轼。苏轼尊重屈原，以内容相似的诗文向屈原致敬，他也描写自己种兰、佩兰、浴兰的经历："待学纫兰为佩""艺兰那计畹""明朝端午浴芳兰"。

一前一后两位爱兰之人，各自以兰印证着自己一生的品格。

兰花之美，一半在兰叶。纤长疾劲的兰叶，密而不杂，疏而不缺，浓淡皆宜，疏密有致。至于兰的花朵，则像美人轻拈的手指。兰意态万千，因此也深得画家青睐。南宋著名画家郑思肖，则是爱兰的画家中很特别的一位。

郑思肖原名郑之因，宋亡后，改名思肖（当时使用的繁体字中，肖是宋朝国姓赵的组成部分），他还将自己的字改成忆翁，以示不忘故国。郑思肖擅画墨兰，宋亡之后，他只画无根之兰，有人问他为什么不画土和根，他答道："国土已经被人夺去了，你们难道不知道吗？"郑思肖的一幅无根《墨兰图》现在藏于日本大阪市立美术馆，2010年，这幅画在上海博物馆展出。当那千年之前的墨兰图出现在眼前，不知参观者心中有过多少感慨。

兰花适宜养在室内，一只花盆就可以养兰。民国时候，倡导白话文、新文化运动的胡适，就曾经为一盆兰花写过现代诗《希望》，小诗后来被改编成歌曲《兰花草》。胡适在开头写道："我从山中来，带着兰花草。"这简简单单的一句话，却瞬间在人眼前展开清晰的景象，我想其中有一大半功劳，要归功于胡适手中捧着的兰草。小小的兰草身上，不知被倾注了古往今来多少人的钟爱。

# 离离原上草

野火烧不尽，春风吹又生。

——白居易《赋得古原草送别》

青草看起来细小，生命力却极为强韧。

贞元三年（公元787年），少年白居易写出了一首流传千年的青草诗——《赋得古原草送别》："离离原上草，一岁一枯荣。野火烧不尽，春风吹又生。远芳侵古道，晴翠接荒城。又送王孙去，萋萋满别情。"

白居易初到长安之后，带着此诗拜谒名士顾况，顾况说："米价方贵，居亦弗易。"这句话里幽默嵌入了白居易的名字，打趣白居易的同时，也说明当时要在长安出人头地并不容易。但当顾况读到"野火烧不尽，春风吹又生"时，他大加赞赏，并即刻对白居易刮目相看，并说："道得个语，居亦易矣。"意思是能说出这样的句子，要在长安立足也并不难。这首诗，也因此成为白居易的成名作。

这首诗中，前半部分大家耳熟能详，描写出古原草是满山烈火也无法烧尽的强大生命，后半部分，则着重抒写了离情。

从《楚辞·招隐士》中"王孙游兮不归，春草生兮萋萋"开始，春草，就被赋予了离别的意象，而"王孙"也成为游子的代称。白居易在此诗之中，便化用了这句诗意。李商隐则将文学史上的"王孙""芳草"意象，总结为"见芳草则怨王孙之不归"。让王国维总结词作"眼界始大，感慨遂深"的南唐后主李煜，则写出了"离恨恰如春草，更行更远还生"这样的词，在词人的世界，春草随着离人蔓生至远处、更远处，离愁从意识中，蔓延到了时空里。

青草是最寻常的植物，虽然细小不起眼，但连成片时，却青翠满目，在"春风又绿江南岸"中功不可没。而田头巷尾、花底树下、山崖缝隙、水泥墙角间的一丁点儿土壤里，都可以发现青草的身影。

　　正因为草的寻常，它极易出现在诗人笔下，初春是"池塘生春草，园柳变鸣禽"，初夏是"黄梅时节家家雨，青草池塘处处蛙"，深秋是"青山隐隐水迢迢，秋尽江南草未凋"，入冬是"吴中霫霜晚，冬草有未衰"。除了在不同季节呈现不同意趣，草也常常被用于表达悲伤沉郁的情感，如"国破山河在，城春草木深""晴川历历汉阳树，芳草萋萋鹦鹉洲"等。这萋萋芳草，在这些诗句之中，具有感染人心的力量。

　　青草之微，也被诗人用来形容子女。孟郊曾写过一句著名的诗句："谁言寸草心，报得三春晖。"用寸草来比喻游子，三春之晖比喻慈母之爱。

　　在形容只有经历严峻考验，才知道谁真正坚定、坚强的时候，可以用到这样一句诗句——"疾风知劲草"。这句诗是汉光武帝刘秀对手下将领王霸说的，当时自颍川跟随刘秀的人都离他而去，刘秀身边只剩下王霸一人，因此，刘秀对王霸说道："颍川从我者皆逝，而子独留，努力！疾风知劲草。"

　　看完这篇文章以后，当你再次见到花坛草地里的小草，也许会多一份感触吧。

第二章　夏之木

开到荼蘼花事了

34

开到荼蘼花事了，丝丝夭棘出莓墙。

——王淇《春暮游小园》

　　或许许多人并不认识荼蘼花，却都听过这样一句诗："开到荼蘼花事了。"

　　荼蘼开在春夏之交，山坡上、道路边、篱笆旁，都可以看见荼蘼。荼蘼是蔓生植物，枝条柔软，因此栽种时常常辅佐以花架，让藤蔓攀附其上。辛弃疾曾写过"点火樱桃，照一架、荼蘼如雪"的诗句，形容的正是春末夏初白荼蘼盛开时的景象。荼蘼架上枝繁花茂，大朵大朵的荼蘼，香气馥郁，垂垂可爱。清代陈淏子所著的《花镜》中一共写到三种荼蘼："大朵千瓣，色白而香"的白色荼蘼；"色黄如酒"的黄色荼蘼——黄色荼蘼有个听起来特别甜的名字：蜜色荼蘼；色艳无香的红色荼蘼，又称番荼蘼。

　　荼蘼花开时，百花烂漫的春天就要过去了，而第一朵梅花绽放的时刻、第一枝梨花胜雪的时刻、第一片桃花占满了山坡的时刻、第一堤新柳苍翠如烟的时刻，那些属于初春的一切，都仿佛还近在眼前。只是转眼之间，花已谢了，桃李已挂在枝头，柳叶也从嫩黄成了碧绿，春天在荼蘼花开的这一刻，似乎已经老了。难怪多愁善感的文人会从春天联想到生命，用荼蘼花开来喻指青春将逝、美景不再。清代小说家曹雪芹在《红楼梦》中，就曾经描写过这样一个场景：为贾宝玉贺寿的夜宴上，麝月抽取了"开到荼蘼花事了"的花签，在暗示了麝月的命运之时，也隐喻着大家族贾府的繁华即将凋敝，大观园的少男少女们即将

面临生离死别。在明代剧作家汤显祖的名作《牡丹亭》中，杜丽娘在游览后花园时，曾唱道："那荼蘼外烟丝醉软"，也预示着杜丽娘即将病逝的结局。

然而，荼蘼真的只是美好终结、青春不再的象征吗？如若仅仅这样来看荼蘼，也许有些辜负在暮春开放的荼蘼了。

"开到荼蘼花事了"这句诗，出自宋代词人王淇所作的七言绝句，全诗名为《春暮游小园》：

一丛梅粉褪残妆，

涂抹新红上海棠。

开到荼蘼花事了，

丝丝天棘出莓墙。

诗中写道，花占春风第一枝的梅花凋谢以后，海棠相继开放，到荼蘼花开之时，春花虽然都已经开尽，但嫩而茁壮的酸枣枝条却攀出了青苔密布的土墙。整首诗中诗人所着意刻画的并非春花开尽的情景，也不是在表达春天易逝的感伤，而是在感叹四季轮回中生命的生生不息。荼蘼开在暮春，不止是与春天惜别，更是在迎接初夏的到来。

荼蘼在古时候被写作"酴醾"，古籍上解释了"酴醾"这个名字的由来——"色黄如酒，固加酉字作酴醾"。有趣的是，除了颜色看起来像酒以外，荼蘼的果实在入秋后变红，不但可以生食，还可以加工酿酒。这样看来，酴醾这个名字，的确很贴切。只不过，把荼蘼和酒联系在一起，却也惹恼了某些喜爱荼蘼的诗人。杨万里就曾经为荼蘼鸣不平："以酒为名却谤他，冰为肌骨月为家。"在杨万里看来，以酒为名是辱没了荼蘼，因为白色荼蘼是冰清玉洁的花朵。

下一次春暮夏初之时，大家不妨在城市中找一找荼蘼花，同时停下脚步赏一赏花，闻一闻荼蘼的香气，也许，除了"花事了"之外，你对荼蘼也会有新的印象。

群芳之冠，花中之王

草木有本心

唯有牡丹真国色，花开时节动京城。

——刘禹锡《赏牡丹》

牡丹自古被许多人誉为群芳之冠，花中之王。

牡丹原产于我国秦岭与大巴山地区，最初是山野之花，后来人们发现了牡丹"味苦辛寒"，具有药性，因此渐渐从野生变成人工栽培。古代的医学家们认为牡丹是花木中气息最繁盛的，能够"舒养肝气，和通经脉"。

牡丹从药用植物渐渐变成观赏植物，大约是在南北朝时期。北齐著名画家杨子华的牡丹曾惹得苏轼叹息："丹青欲写倾城色，世上今无杨子华。"可见那时人们眼中的牡丹就已经很有观赏性了。

到唐朝时，社会初定，长安、洛阳的牡丹种植观赏渐成风尚，无论是皇家园林，还是民间小院，处处可见牡丹花影。刘禹锡的诗句——"唯有牡丹真国色，花开时节动京城"中一个"动"字，形象地描绘出当时人们争相赏牡丹的盛景。此时，牡丹的种植技术已十分高超，"植牡丹一万本，色样各不同"。唐朝李正封还写道："国色朝酣酒，天香夜染衣。"这诗句深得世人心，牡丹也从此得了"国色天香"的美誉。

因为人们对牡丹的喜爱，民间还流传着这样一个故事。武则天曾在严冬下诏："明朝游上苑，火急报春知，花须连夜发，莫待晓风吹。"所有花神都不敢违抗武则天的旨意，先后绽放，唯独牡丹花神不为所动，没有开花。武则天盛怒之下，将牡丹贬去了洛阳。花开有时，这传说自然是无稽之谈，却也有趣。到宋朝时，洛阳牡丹已成为人们心目中的"天下第一花"，而洛阳人好牡丹，比唐时更甚。

当时，凡是花朵都有名字，比如黄芍药、绯桃、瑞莲、千叶李、红郁李等，唯独牡丹，洛阳人不叫它的名字，只叫作"花"。大约在当时洛阳人的眼中，其他的花都不如牡丹，也只有牡丹才可以被称作是花吧！

洛阳人偏爱牡丹，虽然只以"花"昵称之，却又唯有牡丹，偏偏名字最多，或者用栽种主人的姓氏命名，比如一花难求的姚黄、魏紫；或者以地名命名，比如青州、丹州；又或者以颜色形态命名的鹤翎红、九蕊真珠；等等。

由于世人对牡丹的偏爱，周敦颐在《爱莲说》中写道："自李唐来，世人甚爱牡丹"，也发展出多样的牡丹文化。直到今天，洛阳的牡丹花开之时，仍会迎来大批游客。还有各式各样的牡丹工艺品，比如泥塑、刺绣、瓷器等，和做成牡丹花样的点心。另外，牡丹花瓣在焙制之后，还能用来泡茶，茶汤清淡，别有风味。牡丹已不再是单纯的花，而是深入到人们的日常生活中，为人们增添了许多生活情趣。

因为牡丹具有极高的欣赏价值，在十九世纪末，牡丹种子由法国传教士带入巴黎自然历史博物馆播种。如今，原产于中国的牡丹已经在欧洲园林中生根、在异国他乡繁衍生息。从古人爱牡丹，到今人爱牡丹，从中国人爱牡丹，到世界上许多人爱牡丹，牡丹的美，或许可以用宋代诗人方岳的一句诗来表达："一年春是牡丹时，不负花时只有诗。"牡丹的美，值得你在三春正好之时，亲自去赏玩一番。

草木有本心

有情芍药，知为谁生

试把樱桃荐杯酒，欲将芍药赠何人。

——戴复古《初夏》

41

　　谷雨看牡丹，立夏看芍药，牡丹花谢之后，就到了芍药的花期。

　　从古至今，牡丹被称为花王，而芍药被称为花相，两种花都是芍药属，虽然花形相似，但牡丹比芍药花形更大一些。自古以来，牡丹得到世人的恩宠远多于芍药。也恰恰因为花形相似，两种花在历史上常被文人放在一起拿来比较。比如唐代著名诗人刘禹锡就写了一首着实让人为芍药不平的诗，诗里盛赞"唯有牡丹真国色"，却将芍药说成是"庭前芍药妖无格"。其实芍药并不仅仅只

是牡丹的陪衬，而是有着自己的格调与品性，即使在国色天下重的牡丹面前，芍药也无须羞愧，不会嫉妒。

芍药还有个别名叫作将离。春日时，溱水和洧水浩浩汤汤，有年轻的男子和姑娘一边欣赏着沿河美景，一边说说笑笑，不知不觉两情相悦，临别时，男子送给姑娘芍药，暗暗立下了爱的誓约。这是《诗经·郑风》里记录的一个故事，春风里写满欢悦。

为什么要赠芍药呢？原来，"勺"与"约"在古时同音，因此赠芍药，便暗指结下盟约。有情人在离别时赠芍药，与古人送别时折柳不同，芍药比柳枝多了些说不尽的相思意。而芍药便有了"将离"这样的别名。

其实早在先秦时期，芍药和牡丹混称为芍药，当时的牡丹被称作木芍药。但后来木芍药有了牡丹作名字，而芍药被赋予的意义也全都给了如今我们所知道的芍药。

在开篇的诗句中，诗人问道："欲将芍药赠何人？"究竟赠何人，诗人没有说，也许是曲曲折折的心事不可说，都藏在了这一朵芍药间。

芍药有情，不独在它被用于有情人离别时候，也在于它柔若无骨、风姿绰约的仪态。芍药和牡丹最大的差别在于，牡丹是木本植物，芍药是草本植物，因此，牡丹更为端正，而芍药则更为柔媚。李时珍在《本草纲目》中这样描写芍药："芍药，尤约也。"约，美好貌。不过芍药之所以被命名为芍药，除了美以外，也因为"制食之毒，莫良于芍"，所以得了"药"这个名字。

43

芍药临风之时，柔弱不胜风，有些像是微微醉酒的美人，因此曹雪芹在《红楼梦》中绘出了一个极美的画面："果见湘云卧于山石僻处一个石凳子上……四面芍药花飞了一身，满头脸衣襟上皆是红香散乱，手中的扇子在地下，也半被落花埋了。"

不过，说起在芍药花前酣眠，史湘云却并非第一人，明人纪青就留下了"倦来芍药花前卧"这样一句诗。想想在那花前睡着的，不是青春正好的娇

憨少女，而是栖霞山间挑蔬食累了的男子，这画面，也一样叫人不敢大声，就连那斑鸠飞过草庐，都怕它轻轻的叫声惊扰了那花前梦中的人。

芍药在古代，要属扬州的最有名。宋代词人姜夔就曾经留下过名句："二十四桥仍在，波心荡、冷月无声。念桥边红药，年年知为谁生！"

如今，虽然已经过了千百年，但二十四桥边的红芍药，却仿佛穿越了千年的风霜，仍然年复一年地迎风摇曳，从未沾染过人间半点愁。

# 朝生夕死的木槿

凉风木槿篱，暮雨槐花枝。

——白居易《答刘戒之早秋别墅见寄》

《诗经·郑风》中，有一篇《有女同车》。诗中描写女子的容貌之美，说她颜如舜华，颜如舜英。

这里的舜，说的就是木槿花。《本草纲目》中说木槿："五叶成一花，朝开暮敛。"木槿花朝开夕落，每一朵都在早晨开花，到了日暮时分，花就聚拢起来。尽管木槿花娇艳明亮，花开灼灼，但花开的时间却显得很短暂。

但事实上，诗人的感叹大可不必，木槿花虽然看起来朝开暮敛，可到了第二天，收拢的木槿花还会再开，而且木槿花的花期极长，一株木槿会有许多花朵前后相继开放，足足会热闹一整个夏季。杨万里曾经如此写道："朝开暮落复朝开。"

不仅花开得繁盛，木槿还是生命力十分健旺的植物。虽然表面看来花茎纤细柔弱，仿佛耐不得风吹雨淋，但事实上对环境的适应性却很强，也极易成活，因此今天的木槿分布得十分广泛。这生生不息的木槿，与许多文人所悲叹的"朝生暮死"之花，实在是有天差地别的。

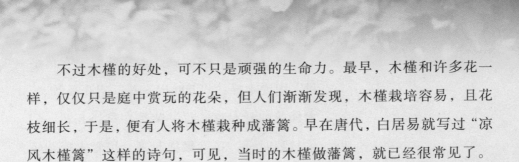

不过木槿的好处，可不只是顽强的生命力。最早，木槿和许多花一样，仅仅只是庭中赏玩的花朵，但人们渐渐发现，木槿栽培容易，且花枝细长，于是，便有人将木槿栽种成藩篱。早在唐代，白居易就写过"凉风木槿篱"这样的诗句，可见，当时的木槿做藩篱，就已经很常见了。

自从木槿成为天然篱障之后，从此，农家小院外除了素朴的竹篱，又多了会开花的绿篱。这种木槿篱障年年长，如果不及时修剪，便可以长到三四米那样高。尽管木槿冬天落叶，篱障到了冬日里就光秃秃的，但在元代明本禅师笔下，却也呈现出别样的意境："大槿篱笆，雪屋梅花"，疏疏篱笆掩着风雪之中的小屋，宛然如画。

到第二年春天，木槿的绿叶就会再次鲜翠。而到了初夏时节，鲜花一朵接着一朵，又酣畅地盛开起来，一日也不休歇，直到秋时。翠绿的叶子间，大大的有如酒盏一般的花朵逐着阳光盛放，粉红、白色、紫色、深红，那花团累累的篱墙之外，馋嘴的野狐狸正在缝隙里流着口水看着那些小鸡小鸭，这下它可是吃不着了。

花篱既保护了家园，还挡了风，更合围出一个漂亮的院落。人们坐在里边望月饮酒，只差不曾采下那形似酒盏的单瓣木槿花来做酒杯了！

当然，以木槿花瓣柔嫩有如细绢裁制的质地，自然是做不得酒杯的，但鲜木槿花可是一道十足的美味。拿来沾了面粉用油一煎，加冰糖熬煮，用粳米煮

47

粥，和豆腐烧汤，不仅味道鲜美，还有清热凉血的药用价值。

　　不过，可千万不要因为嘴馋就随意采了路边的木槿花来吃，街边花坛里供观赏的木槿少不了会喷洒农药，是不可以食用的。如果想要尝尝鲜，一定要去正规食品店买来吃，或者自家栽种可供食用的才可以。

　　观赏、家居、食用、药用，木槿花真是十分大方又赤诚的花儿了，将自己的一切都毫不吝惜地献给了栽种它的人们。

　　如今，木槿依然是街头巷尾寻常可见的花朵，人们也依然会用木槿做篱笆。下一次再见到木槿花的时候，你是否会对这种美丽热烈的生命多生出一些喜爱呢？

萱草忘忧

焉得谖草？言树之背。

——《诗经·卫风·伯兮》

《诗经·卫风·伯兮》描述了一位妻子思念出征丈夫的故事。"自伯之东，首如飞蓬。岂无膏沐？谁适为容……愿言思伯，甘心首疾。焉得谖（萱）草？言树之背。"自从丈夫离开之后，妻子的头发凌乱有如蓬草，并不是没有润发的油膏，只是在丈夫离开之后，她再也无心打扮自己。渐渐她忧思成疾，只是不知哪里可以找到一株谖草，好将它种植在屋子的北面来缓解自己的忧愁呢？这里的谖草，指的正是萱草。

尽管无法找到比这则故事更久远的萱草忘忧的出处，但从这首诗中可以看出，在先秦时期，人们便已经认为萱草能使人忘忧了。因此，诗里的女子才会希望能够得到萱草，植于北堂。竹林七贤之一的嵇康就曾在著作中提到："萱草忘忧，愚智所共知也。"可见，到了魏晋时候，萱草忘忧已经是人人皆知的事情。

但北堂种萱真的可以使人忘记忧愁么？看着好看的花朵，也许的确可以让人忘却片刻忧愁，但好看的花有那么多，为什么唯独是萱草得了忘忧之名？宋代诗人梅尧臣曾说过："人心与草不相同，安有树萱忧自释？"意思是说，人心和草木之心并不相同，萱草怎么能替人排解忧愁呢？

答案大约可以从中医典籍中找到。在萱草家族中，有一类可以食用，食用萱草有两个大家更熟悉的品种——金针菜、黄花菜，都是营养价值很高的食用花卉。此外，萱草还具有药用价值，《本草纲目》中记录萱草苗花"甘、凉"，甘味入脾，清凉祛热，不仅营养丰富，食用后还有益于五脏安和。身体安泰后，大约人心里的"忧"也的确会随之解除一些。

由此可见，北堂植萱是流

草木有本心

传千百年的文化意象与诗意寄托，但食用萱草，的确有些许忘忧之效。

除却药用价值之外，萱草十分美味，与竹笋、木耳、香菇并称为"四大山珍"。上乘的食用萱草带着花朵特有的清香，食之令人难忘。农人会趁着食用萱草未开放的时候采撷花骨朵，加工成食品。由于萱草中含有有毒的秋水仙碱，因此，需要用开水余烫过或者熏蒸晒干后才能食用。经过处理后的萱草无论是裹着面粉油炸，还是与其他菜蔬、蛋肉之类一起清炒，都极其鲜美，不负山珍之誉。吃着这样的美味，恐怕也会将所有烦恼都抛诸脑后，只顾大快朵颐了。

萱草除却忘忧之外，还是中国的母亲花，这也是因为"植萱北堂"的缘故。

北堂，是指古代居室东方后部，是家中母亲操持家事的地方，因为那个地方适合种植萱草，因此，古人又将母亲雅称为萱堂，萱也因此被称为母亲花。唐代诗人孟郊就在《游子吟》中写道："萱草生堂阶，游子行天涯。慈母依堂前，不见萱草花。"慈母日日望着萱草，其实期待的并不是萱草开花，而是那在远方的孩子能够早日归来。

萱草与家庭的关系如此密切，但萱草最美丽的样子却并不是孤秀自拔于堂前庭间，而是开放至满山遍野。萱花与木槿一样，也只是花开一日，但一朵开罢，另一朵又绽放，因此，每当萱花盛开的季节，橙黄色的花朵迎风摇曳，在连绵不绝的开阔山坡间起伏，明艳烂漫，美不胜收。见到这样的美景，大约真能使人顿扫胸中积郁，忘却忧愁吧。

出淤泥而不染，濯清涟而不妖。

——周敦颐《爱莲说》

**清水出芙蓉**

亭亭玉立这个词若是用来形容花，再也没有比荷花更适宜的了。渺渺烟波之间，荷叶有如裙角翩跹，中间一尘不染的花朵亭亭立着，因风舞动之时，情态万变，风姿绝尘，让人观之忘俗。周敦颐在《爱莲说》中盛赞荷花，其中"出淤泥而不染，濯清涟而不妖"一句，更是成为千古传唱的咏荷名句。

荷花又称莲花、芙蓉、菡萏、芙蕖，自古以来便是人们喜欢的花卉。诗经中数次提到荷花，比如"彼泽之陂，有蒲与荷"，描写了香蒲与荷花并生于池塘中的景象；而诗人屈原在《离骚》中，为了表达自己的高洁志向，吟唱道："制芰荷以为衣兮，集芙蓉以为裳。"
他是想用那不染尘埃的荷花，做成
自己的衣裳。

　　荷花不仅风姿绝妙，还具有很
强的实用性，莲子、莲衣、莲房、
莲须、莲子心、荷叶、荷梗、藕节，
全都可以食用、药用。因此，在江
南水乡，采莲很早就成为荷塘间一道风景。西汉时有一首明快的采莲曲
流传下来：

　　江南可采莲，莲叶何田田，鱼戏莲叶间。

　　鱼戏莲叶东，鱼戏莲叶西，鱼戏莲叶南，鱼戏莲叶北。

　　虽然现在我们已经不知道当时的采莲姑娘究竟用什么样的曲调唱这
首歌，但这朗朗上口的歌谣，却描绘出一幅夏日荷塘间花儿、鱼儿和采
莲的人儿共同组成的和谐景象。

而关于荷塘的美好记忆，更是许多人都曾有过的。北宋女词人李清照曾在《如梦令》中写道："常记溪亭日暮，沉醉不知归路，兴尽晚回舟，误入藕花深处。争渡，争渡，惊起一滩鸥鹭。"用《如梦令》来写这件小事是那样恰当，因为那少女时代的一切，的确是像梦一样，美好得令人无法忘却。

常见的荷花的颜色有白、粉、深粉红、紫红、嫩黄等，南宋诗人杨万里这样写过西湖六月间红荷花盛开的景象："接天莲叶无穷碧，映日荷花别样红。"而唐代诗人白居易则更偏爱白荷花，他曾经写过"厌绿栽黄竹，嫌红种白莲""红鲤二三寸，白莲八九枝"这样的诗句。

荷花的盛花期在七八月，入秋后，荷花花瓣片片凋落，到最后枝头残荷只剩下一二花瓣。到秋冬时候，池塘里就只剩干枯的荷叶、茎与没有摘取的枯莲蓬了。但这也别有一番风致，唐代诗人李商隐就曾写过"秋

阴不散霜飞晚，留得枯荷听雨声"的诗句。若是下起雪，枯荷上覆着白雪，在池塘间，又别是一番景色。

爱荷花的人那样多，说也说不完，可要说到这些人中谁最爱荷花，只怕也难分伯仲，但若要说谁用最简练的话，说透了荷花之美的最绝妙处，那应该是大诗人李白。

李白曾这样写道："清水出芙蓉，天然去雕饰。"形容得真妙，荷花最妙的地方，就在于这全无一点人工雕饰的浑然天成。

红了樱桃

红了樱桃，绿了芭蕉。

——蒋捷《行香子》

樱桃许多人都喜欢，不过，你是否知道樱桃曾经在历史上，尤其是唐朝，是一种风靡朝野的水果？

樱桃在中国的栽种历史悠久，又被称作含桃、荆桃、莺桃。由于樱桃在百果之中最先成熟，人们觉得它较为尊贵，于是常将它用于祭祀和赏赐。西汉末年的《礼记》曾记载过天子在仲夏之月以樱桃祭祀的事。晋时王嘉《拾遗录》中记录了东汉汉明帝赐群臣樱桃时发生的趣事。汉明帝曾在月色下设宴，他让人用赤红美玉盘装上赤红樱桃，来赏赐群臣。大臣们在

月色之下看那赤色玉盘，还以为是空的，引得汉明帝大笑不止。

到唐朝时，上至天子，下至平民，赏樱桃花、食樱桃已经蔚然成风，是当时春日的时尚。和今天被培植成观赏植物、大多不结果的樱花树不同，樱桃树的花瓣多为五片单瓣，花朵较小，多为白色、粉红、桃红，花开满树的时候，如同彩云一般。唐代诗人刘禹锡就曾经写过樱桃花开时的盛景："樱桃千万枝，照耀如雪天。王孙宴其下，隔水疑神仙。"樱桃花相连成片，在阳光辉映下如同雪天景色，贵族子弟们在树下欢宴，隔着池水遥望恍若神仙。

樱桃花开只有数日，数日后花落，就开始结出

草木有本心

甘甜的樱桃子。樱桃子既有赤红色，也有橙红色和金黄色。诗圣杜甫曾在《野人送朱樱》中写过："西蜀樱桃也自红，野人相赠满筠笼""忆昨赐沾门下省，退朝擎出大明宫"等诗句。杜甫在诗中描写了西蜀百姓赠他红樱桃的情景，也回忆了

在门下省内受赏樱桃，退朝时举着金盘离开大明宫的往事。可见当时樱桃不仅栽种于山野田家，更是皇家赏赐百官的珍贵水果。当时很多达官贵人家也流行栽种樱桃树，有时用来宴请亲朋，有时还会引来御驾光临一同赏花食樱桃呢！

　　唐代还有"樱笋厨""樱桃宴"等宴会。樱笋厨是以樱桃、春笋两样时鲜物为主食材的春日朝廷菜单。因为唐代进士发榜时樱桃已成熟，所以以樱桃为主题举办樱桃宴，便成了当时人们热衷的事。除此以外，唐代人还将樱桃制成点心。《酉阳杂俎》中曾记载过一种叫"樱桃毕罗"的食品，这是将军韩约家的一种以樱桃做馅料的面点，是当时贵族家一道有名的点心。最难得的是，这种点心里的馅料依然保持着樱桃的颜色。

　　樱桃虽然好吃，但大家要注意千万不能贪吃。樱桃大热，李时珍曾经在《本草纲目》中记载了富家子弟因食樱桃过量而死的悲剧，说明唐人就已经意识到樱桃性热。所以人们在吃樱桃时，除了搭配牛奶制成的

酥酪来增添风味之外，还会配上清热的冷蔗浆。

樱桃小巧，因此形容美人长着小巧红润的嘴时，人们常常会用"樱桃小口"一词。第一个用樱桃比喻美人嘴的，是唐代大诗人白居易，他在诗中这样描写他的家姬："樱桃樊素口。"

樱桃红时，是暮春初夏。白居易曾写道："杨柳花飘新白雪，樱桃子缀小红珠。"杨柳飞絮之时，樱桃树也结出了小小的樱桃子。

那时，一年中春光将尽，正是人们春愁易生之时。宋室南渡之后，羁旅不定的词人蒋捷触景伤情愁绪满怀，在词作《一剪梅·舟过吴江》中写道："流光容易把人抛，红了樱桃，绿了芭蕉。"这句词传唱至今，成为咏樱桃诗词中的绝唱。樱桃的红与芭蕉的绿，将那看不见的流光易逝，都化作春去夏来时最分明的颜色。

# 木之至尊——桑树

童孙未解供耕织，也傍桑阴学种瓜。

——范成大《田家》

假如中国传统植物被拟人化，组成一个植物帝国，有没有一种植物可以君临天下，令所有的植物都臣服脚下？

牡丹固然被许多人尊为花中之王，但绝壁上凌云的山松、凡鸟不敢栖息的梧桐、传说中八千年一春八千年一秋的大椿、现实中经历了数千年岁月依旧金黄耀眼的银杏，这些树木，看起来也都具备登临绝顶的王者之气，又有哪一种植物敢令这些树木俯首称臣？

我想，这可以俾倪群木的至尊，要属桑树。为什么呢？先来说两个神话故事。

第一个故事出自《山海经》。《山海经·海外东经》中记载："汤谷上有扶桑，十日所浴。"汤谷是传说中的日出之处，在那里有一棵大扶桑树，十个太阳在那里洗浴。

扶桑是传说中的神木，它的原型就是桑树。太阳是地球上万物的生命之光，将桑树与太阳联系在一起，足以证明桑树在当时人们眼中十分神圣。

第二个故事来自东晋葛洪的《神仙传》，当中有一个麻姑，她是传说里的仙女，自从成为神仙接受天命以来，她已经见过东海三次变成桑田。这个神话故事正是成语"沧海桑田"以及词语"沧桑"的由来，从此，"沧海桑田"和"沧桑"常被用来比喻人世间事物的巨大变迁。这里与汪洋大海相对的桑田，最早指的正是种植桑树的田地。在所有的植物里，只有桑树能与田地合在一起，代表了我们赖以栖居的陆地。

中国古代有一条举世闻名的路，名叫丝绸之路。丝绸之路以长安为起点，经中亚、西亚，到达地中海各国。这条路是中国与西方贸易往来的通道，并带动了古代中国与世界政治、经济、文化的沟通。而这条道路运输出去的最重要的商品，就是中国丝绸，这条路也因此得名。

中国是世界上最早掌握养蚕缫丝并大规模制作丝绸的国家，丝绸的原料是蚕吐出的丝，而桑叶则是蚕的食物。

中国古人掌握养蚕缫丝制衣的技术最早可以追溯到史前时代。由于丝织品制作工艺复杂、造价昂贵，因此，曾被贵族与上层社会垄断，普通百姓虽然需要养蚕缫丝换取家用，但依据当时社会的规定，平民只能穿着制作工艺相对简单、用葛麻织成的"布"。一般的百姓，只有在年老之后才可以穿丝织衣物。孟子就曾对梁惠王说道："五亩之宅，树之以桑，五十者可以衣帛矣。"他建议梁惠王广植桑树，这样五十岁的老者就可以穿上丝织品了。

尽管孟子的建议并没有被梁惠王完全采纳，但人们在住宅周围种植桑树的习俗却从先秦时期就已经开始流传了。《诗经·小雅·小弁》中就这样写道："维桑与梓，必恭敬止。"意思是对桑树与梓树，要毕恭毕敬，因为那是父母手植的植物，为的是等树木长成之后，可以供儿女们养家、使用。桑梓中蕴含着父母对子女的爱。因此，种植桑梓之地，

又被用来代指故乡，桑树也自然而然成为家与爱的象征。

诗经中描写过像花儿一样好看的采桑少年："彼汾一方，言采其桑。彼其之子，美如英"；也描写过采桑人的悠闲样貌："十亩之间兮，桑者闲闲兮，行与子还兮"，向我们展示出两千年前人们劳作时欢欣又美丽的景象。

宋代诗人范成大有一句很有名的诗："童孙未解供耕织，也傍桑阴学种瓜。"这是中国乡村千百年来的日常夏日情景，那绿树成荫的桑树，默默为孩童们遮阴的同时，也如守护者一般，无论沧桑如何更替，始终默默守护着我们古老而辉煌的中华文明。

# 读书人的槐树

> 杏花风暖好觅句，槐影日长宜读书。
>
> ——赵恬斋《送梁府教赴括苍任》

槐树原产于中国，对古代官场和读书人而言，槐树是地位十分高贵的树。

从周代开始，朝廷种三槐九棘，三公九卿分坐其下，其中三公面对三槐，从此，三槐就用来代指三公。虽然三公的具体官职从周朝到后世有变化，但三公一直是古代朝廷中最尊显的官职的合称。由于槐树寓指最高的官职，因此槐树是读书人最喜欢的树，古代读书人往往亲手种植槐树以取吉兆。

汉代时,长安有"槐市",因为种植着许多槐树而得名,是读书人聚会、买卖书籍物品的地方。比起寻常的农贸市集,读书人的市集多了几分书生气,做起买卖来也更讲礼数,人们常常站在槐树下侃侃而谈,各抒己见。

槐树多长寿,在诗词中常常出现"古槐"。在历史上,曾经有两棵极为著名的古槐,其中有一棵至今仍静静生长在扬州驼岭巷深处。这是一株一千多岁的唐槐,传说它曾经出现在唐代传奇小说《南柯太守传》中。

小说讲述了这么一个故事,游侠淳于棼家住在广陵郡东,在他家南面,有一株大古槐，树冠绵延数亩。淳于棼每日与朋友在树下饮酒。有一天，淳于棼大醉，昏昏然间，跟着两个紫衣使者进入古槐树洞。树洞内有山河、草木、道路，只是和人间很不一样。淳于棼跟着使者到达槐安国，被国王招为驸马娶了公主，当上了南柯太守。二十年间，淳于棼家族逐渐显赫，直到无人能及。公主死后，淳于棼因为权势过大，引起国王猜疑，于是国王让淳于棼回家。淳于棼这才恍然大悟，回想起自己并非槐安国人，也终于梦醒，而此时，已经在梦中经历了二十年繁华起落的淳于棼却发现，太阳才刚落下西墙。寻到古槐树下，那槐安国，原来是蚂蚁穴，而他当了二十年太守的南柯郡，只是一枝南向的槐树枝。淳于棼从此悟道，此故事也化作成语"南柯一梦"，与槐树一起，被后人反复吟咏。宋代词人辛弃疾曾在词中写道："更著一杯酒，梦觉大槐宫。"

另一棵著名的古槐，是一棵汉代古槐，这棵古槐树如今已经不存在了，

但它却是千千万万中国人根之所系，祖先故地。许多人不远千里寻根问祖，来到这里。这就是山西洪洞大槐树。这棵大槐树，曾经庇荫一方百姓。明朝初年，山西洪洞大槐树移民外迁，到各地开枝散叶，百家姓诸多姓氏族谱中，都记录过这一次人口迁徙，某一个地方的大姓，追根溯源，往往就是大槐树移民中的几个人而已。直到今天，中国北方仍流传着这样一首民谣："问我老家在何处，山西洪洞大槐树。祖先故居叫什么，大槐树下老鸹窝。"

由于槐树的特殊地位，虽然在诗经中没有记载，但它后来却成为诗人们时常吟咏的树木。唐代诗人白居易曾经写过"凉风木槿篱，暮雨槐花枝"的诗句，木槿和槐花，都是初夏时就开花的花朵，不过槐花的花期只有十到十五天，因此，在一阵夏雨之后，往往是唐代诗人王翰写的那样："满地残花过雨天，槐荫庭院响新蝉。"

槐树除了被人们寄予美好祈愿之外，还是一种很具实用性的植物。槐树质地坚重，是可造之材。槐花可以用于烹饪食用及制作中药，还能被用作染料。槐叶同样可以被制成美味佳肴。唐代著名诗人杜甫就曾在《槐叶冷淘》一诗中详细说明了槐叶饼的制作方法和口感，而宋代大文豪苏东坡也曾经说过"槐芽细而丰"。除了嫩叶，明代徐光启曾经在《农政全书》中记载："又槐叶枯落者，亦拾取和米煮饭食之。"就连枯落的槐叶，也可以用来煮饭，还被人们赞为"世间真味"呢！

盛夏时节，槐影日长，正好读书。

学术有本心

# 第三章　秋之木

# 秋天第一木——梧桐

无言独上西楼，月如钩。

寂寞梧桐深院锁清秋。

——李煜《相见欢》

或许很多人都不曾注意过真正的梧桐树。因为从春到夏，梧桐树枝头的叶子都翠绿茂盛着，和其他许多树木并没有什么不同。但梧桐树的特殊之处在于，到了立秋这一天，它会早早地落下叶子。唐人诗曰："山僧不解数甲子，一叶落知天下秋。"这是说山僧与世隔绝，并不懂俗人的计时方式，见到一片落下的叶子，便知道秋已降临人间了。诗中没有写明这是片什么叶子，但我愿意认为，它就是梧桐树叶。

草木有本心

在古代，梧桐总是与秋天联系在一起。而秋天，在古人眼里是一个令人忧愁的季节，于是，梧桐也就随之被打上了"忧愁""寂寞"的符号。古诗文中，常见文人墨客将梧桐与萧条失意的气氛联系在一起。唐代诗人王昌龄写："金井梧桐秋叶黄，珠帘不卷夜来霜。"少女独自徘徊在凄凉的深宫中，看到井边的梧桐树叶黄了、落了，石阶上结了一层薄霜，秋夜是那样的寒冷孤寂。被俘至异国的李后主描写"寂寞梧桐深院锁清秋"，一个梧桐院落，道尽千万家国之思；白居易在《长恨歌》中写杨贵妃死后唐明皇对其苦苦思念，"秋雨梧桐叶落时"，秋雨打在梧桐上，点点滴滴，像是离人的眼泪！

梧桐是一种高大的乔木，叶子像是巨大的手掌，迎风招展；它的树干是青绿色的，又挺又直，能高达 15 米（约五层楼那么高），在众多低矮树木中显得格外与众不同，因此，人们又赋予了梧桐品性高洁的意义。古人说凤凰非梧桐不栖，凤凰是品德高尚、象征祥瑞的鸟，它从来只肯栖息在梧桐树上，由此可见梧桐树品性清高，卓尔不凡。

　　古人多在庭院里种植梧桐树，取其可以吸引凤凰栖居的美好意境。如今在许多古典园林、名人故居中，都可以看到梧桐树的身影。而我们在城市中常见的行道树，实际上是一种学名叫作"悬铃木"的法国梧桐。法国梧桐的叶子也是手掌形，却比梧桐树叶小多了。它的特点在于会结许多球果，春夏之交，这些球果会开裂出细细的黄色绒毛。它不是真正的梧桐树。真正的"秋之第一木"，依旧是那承载了古人无限遐思、感伤、追忆与向往的中国梧桐树。

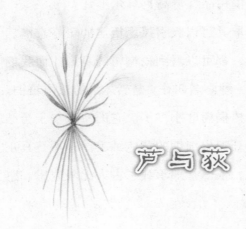

# 芦与荻

蒹葭苍苍，白露为霜。

所谓伊人，在水一方。

——《诗经·国风·蒹葭》

"秋天来了，河边的蒹葭长得葱茏茂盛，草木间的白露凝结成霜。我心中向往的美丽女子啊，就在河水的那一方……"一首脍炙人口的《蒹葭》，把秋天的河岸、远古的爱情写得那样美丽动人。

那诗里的蒹葭是什么？它就是芦苇。在中国，芦苇是最常见的植物之一，江滩边、湿地里、河岸上，它们总是一丛丛、一簇簇地生长着。芦苇很高，人啊，船啊，水鸟啊，钻进芦苇丛中，就像藏进一座"水上森林"，不见了踪影。难怪许多小说里都有人躲进"芦苇荡"中，就很难被发现的桥段。

秋天，芦花开了。芦花是白色的，像软绵绵、毛茸茸的穗子。大片芦苇开花的时候，碧空之下的一池秋水映着枯黄的芦苇与白色的芦花，实在好看。如果一阵风起，千万芦花随风摇曳，恰似翻涌的白云，又像绵延的白雪。

芦苇还有个"孪生兄弟"，那就是荻。荻和芦外形类似，花期也相近，连生长的地方也有共同之处，所以人们经常将它们混淆。其实，荻和芦并不相同。芦只生长在水中或水边，而荻除水边外，有的也生长在山坡或者开阔的荒地上。荻花也在秋天开，但和白色的芦花不同，荻花是淡紫色的。白居易在《琵琶行》里开篇就提到荻花："浔阳江头夜送客，枫叶荻花秋瑟瑟。"天气渐渐转凉，江上的晚风拂过大片荻花，正要送别朋友的

诗人看到这一幕，心中不禁生起一阵孤独和凄凉的感觉，"瑟瑟"是对荻花最好的注释。

古人说："柔纤而心虚者为苇，强脆而心实者为荻。"芦苇是空心的，很容易被劈开或者折断，而荻则非常硬实。汉乐府民歌《孔雀东南飞》里有"蒲苇纫如丝"句，是说芦苇有柔软、坚韧的特性，因此古人总用它编制"苇席"，用来做夏天的凉席、坐垫、窗帘或者临时的房顶。你们有没有注意过，直到今天，人们使用的一些凉席也还是芦苇做的呢。

此外，芦苇还经常被制作成乐器或者乐器配件。古代乐器如"芦笛""芦管"等，都与芦苇分不开。"不

草木有本心

知何处吹芦管，一夜征人尽望乡"，诗中的芦管是一种竹木作管身、芦苇作管哨的古老西域乐器，它的声音幽咽而凄凉，容易勾起游子们的思乡之情。

从古到今，因为有许多人都分不清芦与荻，有人便干脆将它们合称为"芦荻"。其实，不管芦也好，荻也好，它们在人们心中都代表着秋天郊野独特的萧瑟、美丽与自然野趣。你不妨也选一个秋日，去水边探访一下芦与荻，感受一下诗人刘禹锡笔下的"萧萧芦荻秋"有多美！

# 藕与莲子

采莲南塘秋，莲花过人头。

低头弄莲子，莲子清如水。

——《西洲曲》

秋天是采莲的季节。荷塘里的荷花与荷叶渐渐衰残，藕与莲子却长成了。采莲的女子划着小船，唱着歌儿，来往穿梭于层层莲叶间，摘下一朵朵新鲜的莲蓬，剥出一粒粒晶莹的莲子。多么美的一幅采莲图！

在古代，采莲不仅仅是一种劳动，更是诗人们眼中的风景、心中的灵感与笔下的诗行。你看，王昌龄写采莲女："荷叶罗裙一色裁，芙蓉向脸两边开。乱入池中看不见，闻歌始觉有人来。"采莲女的裙子和荷叶都是翠绿翠绿的，采莲女的

脸又像荷花一样鲜艳娇嫩，她分明就是一朵亭亭玉立的莲花呀！她划船进入莲塘就不见了踪影，听到歌声才会发现，原来她正边采莲边朝这边划来呢。这样可爱美丽的采莲女，这样活泼天然的采莲图景，谁能不爱呢？不过，值得注意的是，莲藕和荷花并不是一样的事物，莲藕是荷花落后结的果实。但无论莲藕还是荷花，都是古代诗文中很重要的意象。

因为"莲"与"怜"同音，而"怜"在古代又有爱的意思，所以人们总用莲及与莲相关的事物来隐晦地表达爱情。比如莲子，"莲子"音同"怜子"，"怜子"就是"爱你"的意思，是一种情感的表白。我们

文章开头引用的那首《西洲曲》，就是一首含蓄表达爱恋与相思的南朝民歌。再比如"藕"，音同"偶"，偶就是成双成对的意思，人们说"藕断丝连"，是说就算藕断了，藕丝却还彼此牵连着，象征的是恋人之间的缠绵。此外，藕还因里面有孔而不染污泥，有时也被视作高洁的象征。

因为"藕"的意象很美好，许多诗人也把莲花叫作"藕花"。李清照《如梦令》里有这么轻描淡写的一笔，把藕花写得很动人：

常记溪亭日暮，沉醉不知归路。

兴尽晚回舟，误入藕花深处。

争渡，争渡，惊起一滩鸥鹭。

一个活泼的少女在溪边的亭子游玩，直到日暮时分依然流连忘返。她玩得尽兴了，便划船回家去，却不小心误入藕花深处。她划呀，划呀，惊起了满滩栖息的鸥鹭。这样可爱的少女，这样夕阳西下的满塘藕花，这样安静而单纯的时光，实在令人向往。

藕是莲在水下的茎，莲子是莲的种子。它们成熟在秋天，是秋季养生的佳品。人们说"秋藕最养人"，秋天干燥，人容易咳嗽、上火、心烦，而藕有清热凉血、润燥止渴的作用，吃点藕，秋天的燥热就会减轻很多。莲子也是养心安神的佳品，中医认为，秋天在五行中属"金"，在五脏中对应"肺"，也就是说，秋季是养肺的关键季节。如果同食藕与莲子，还有补肺益气、消除烦躁的功效。可以说，藕与莲子可谓是秋季饮食的"黄金搭档"。

　　不过，在你吃藕和莲子时，可别只记得品尝美味，还要记得它们背后美丽的文化哦。

秋月与桂

中庭地白树栖鸦，冷露无声湿桂花。
今夜月明人尽望，不知秋思落谁家。

——王建《十五夜望月》

中秋时节，桂花开了。一簇簇桂花静静地开在墨绿的桂叶中间，晕染出秋天最为馨香美好的色彩。夜晚，一轮明月高悬，庭院里的桂花被露水打湿了，散发出阵阵幽香。桂花，正是开放在这个合家团圆赏月的日子里。

在中国古代文化里，桂花有很多别称，因为叶子纹理如犀，因此又叫木犀；因其清雅高洁、香飘四溢，而被称为"仙友"，以及"仙树""花中月老"；桂花通常生长在岩岭上，也叫"岩桂"；桂花开花时浓香致远，其香气具有清浓两兼的特

点，清可荡涤，浓可致远，因此有"九里香"的美
称；黄花细如粟，故又有"金粟"之名……在漫长
的时间里，文人墨客们赋予了它非常丰富的含义，
它有时象征着美好的人格，有时代表着坚贞的气节，
被写入诗文中。

　　桂与"月"总有着密不可分的关系。相传，月
中有桂树，高五百丈。汉朝人吴刚因为学仙时不遵
守道规，被罚至月中伐桂。但这棵桂树随砍随合，
总不能伐倒。千万年过去了，吴刚总是每日辛勤伐
树不止，而那棵神奇的桂树却依然如故，生机勃勃，
每临中秋，馨香四溢。而只有中秋这一天，吴刚才
能在树下稍事休息，与人间共度团圆佳节。

　　原来月宫之中，不仅有传说中的嫦娥、玉兔、吴刚，还有人们常见的桂树呀！如此一来，桂树就不仅仅是普通的凡间之树，而成为沟通人间与仙界的桥梁。试想中秋之夜，当人们举头望明月，无限遐想那缥缈而美好的"天上宫阙"时，又闻见庭院里飘来阵阵清冷的桂花香，简直让人分不清自己是身在天上还是人间了！

　　因此，文人雅士们每当中秋望月，吟诗作赋，总把月中桂树作为典故。而因为有月中桂树的传说，人们又给月亮起了"桂月""桂宫""桂轮"等雅号。古代还有一个著名的成语"蟾宫折桂"，也和月中的桂花有关。

　　秋月的宁静衬托了桂花的幽香，而桂影斑驳、桂花点点，又把有些寂寥的秋月夜装点得美好动人。秋月与桂，可谓相得益彰。中国古人把对于秋月的感情，一股脑倾注到了桂身上。白居易在《忆江南》中称，杭州让人留恋之处在于"山寺月中寻桂子，郡亭枕上看潮头"。在诗人心中，江南之美，杭州称第一，而在秋月下去山寺里采桂子（也就是桂的种子），则是美中之美了。唐代著名诗人宋之问在《灵隐寺》一诗中，有"桂子月中落，天香云外飘"句，夜凉如水，月下桂子纷纷随风而落，桂花的香气却飘散至云外，如此悠闲、安静、充满禅意的寺中生活，谁会不心怀向往呢？

宋代女词人李清照对桂花最是情有独钟。她曾写过一首词专门咏桂花，说它"暗淡轻黄体性柔，情疏迹远只香留。何须浅碧轻红色，自是花中第一流"。直言桂花是她心中"第一流"的花木。也难怪，桂花清

雅温柔，虽然样貌不出众，却香气馥郁，别有一番韵味。

我们常见的桂花，有丹桂、金桂和银桂，丹桂开红花，金桂开黄花，银桂则开白花。秋天，折一支桂花插在瓷瓶里，白瓷映着墨绿的叶子与点点桂花，窗外的月色如银，屋内一室桂香，可以给人美好的享受。而且，桂花的用途可不止有香味那么简单。古人认为桂为百药之长，用桂花酿制的酒有延年益寿的功效；桂花制成的头油更是最天然的护发素；桂花泡茶，可以美容养颜；桂花与糯米粉、糖混合制成的桂花糕，馨香软糯，是有三百多年历史的中华传统糕点；酒酿小圆子加入些许桂花，则甜而不腻，多了一种大自然的清香……

可赏，可闻，可食，可用，可天上，可人间……宁静的秋月下，你可愿出门寻桂？小区里，公园中，街道旁……循着那悠远的香气，出发吧！

# 相思红豆

红豆生南国，春来发几枝。

愿君多采撷，此物最相思。

——王维《相思》

　　红豆生长在南方。春天，红豆发芽了，一年的相思开始在红豆树中潜滋暗长。到了秋天，红豆结果了，一粒粒相思豆质地坚硬得像钻石，颜色鲜红，晶莹艳丽堪比红珊瑚，形状就像是一颗心。成熟的红豆不会被虫所蛀，不会腐烂，永远不会褪色，就像是坚贞不渝的爱情，永远不会被时间磨灭。所以，红豆自古以来一直被用来象征爱人之间的相思之情。

　　红豆的外形及纹路，都是"心"字形。更为奇妙的是，红豆的红色由边缘向内部逐步加深，最里面又有一个心形曲线围住最深红的部分，一心套一心，像是心心相印。无论是外形还是特质，红豆都恰好印证了恋人之间绵长的爱慕与思念，所以王维说"此物最相思"，一点都不为过。

把红豆写得最好的是王维的《相思》，而写得最巧的却要数温庭筠。温庭筠在诗歌《南歌子》里有这样一句诗："玲珑骰子安红豆，入骨相思知不知？"骰子是古时候的一种小立方体形状的骨制玩具，六个面上分别刻有从一到六不同数目的圆点，其中一、四点数染着红色，其余点数染着黑色。诗人把红色的点子比作红豆，骨制的骰子上，"红豆"深入骨内，那不正是"入骨相思"吗？一语双关，别有一番生趣。

红豆又叫相思豆。关于这个名字，可有一个古老的传说。据说，从前有位男子去出征，他的妻子日日夜夜在高山上的大树下盼望他归来。但她等啊，等啊，却始终没有等到远方的心上人。于是她整日以泪洗面，泪水流干了，最后竟流出了粒粒鲜红的血滴。血滴落在地上化为红豆，红豆生根发芽，长成大树，结满了一树红豆。日复一日，春去秋来……那位女子早已远去，承载了无尽相思之情的红豆却流传至今，人们给它起了个富有诗意的名字——相思豆。

关于红豆，还有另一则感人的故事：战国时期有一对恩爱夫妻韩凭和贞女襄，昏庸的皇帝拆散了他们，还下令把两人分葬在大路两旁，不许挨在一起。后来，贞女襄的坟上长出一株高大的红豆树，韩凭的坟上生出一株相思藤，藤缠树，树护藤，生死不分离。后来，这两棵树上各栖息了一雌一雄两只鸳鸯，朝朝暮暮唱着凄凉的歌，令过往的人们闻之哀伤，于是，人们便把这棵红豆树叫作"相思树"。

　　古代恋人定情时，总会互送一串许过愿的红豆，以祈求爱情顺利；婚嫁时，新娘会在手腕或颈上佩带红豆串成的手环或项链，象征男女双方心连心、白头到老；结婚后，在夫妻枕下各放六颗许过愿的相思豆，可保夫妻同心，百年好合……难以想象，小小的一颗红豆，竟蕴藏着这么丰富的意蕴。

不过，需要注意的是，我们所说的代表爱情和相思的红豆，学名叫作海红豆。而我们在生活中、餐桌上常见的深红色的"红豆"，实际上叫作"赤豆"。赤豆可以用来煮粥或做豆沙，却与我们文章所说的"相思豆"没有一点关系。

　　有人因为红豆代表相思而把它称为"相思子"，但真正的"相思子"却是不同于红豆的另一种东西。相思子，又名鸡母珠，是上红下黑、呈椭圆形的小豆子。相思子虽然色泽饱满、外形可爱，却是一种有剧毒的植物，被人们列为"世界上毒性最强的植物前五名"之一。有些商家把相思子制作成饰品出售，并冠以"相思豆"之名。聪明的你在购买时可千万要注意分辨哦！

# 菊花开尽更无花

秋丛绕舍似陶家，遍绕篱边日渐斜。

不是花中偏爱菊，此花开尽更无花。

——元稹《菊花》

　　菊花大约在重阳佳节前后开放。唐代诗人元稹的一句"不是花中偏爱菊，此花开尽更无花"，道出了无数文人的心声。宋代大文豪苏轼也曾说："荷尽已无擎雨盖，菊残犹有傲霜枝。"深秋的寒风瑟瑟中，万木花凋叶落，唯有菊花凌霜怒放，这种坚强而与众不同的性格让人们十分敬重，被视为高风亮节的象征，菊花因而被称作"花中四君子"之一。

　　晋朝的陶渊明是出了名的"菊痴"，他在

辞官隐居后，做了一个实实在在的"爱菊人"：他在自家的庭院栽菊，常登山赏菊，甚至给自己的小女儿取名为"爱菊"。每当有烦恼时，他就踏入菊花丛中，将生活的焦虑统统抛之脑后。他写过许多咏菊的诗句，最出名的要数"采菊东篱下，悠然见南山"，把隐居生活中的悠然自在写得十分动人。据说，当时的士大夫们仰慕陶渊明的淡泊自守，纷纷在自家庭院种菊赏菊，菊花一时成为晋朝的"流行花"。

宋朝人也特别偏爱菊花，北宋都城东京（今河南开封）和南宋都城临安（今浙江杭州）都曾举办过盛大的菊花会。据记载，北宋重阳节那天，无论达官贵人还是平民百姓都要出门赏菊，整座东京城没有一处不布置菊花的。城市里的酒店为了招揽客人，也都用菊花花枝做成拱门。南宋也同样，重阳节来临时，无论是宫廷还是民间，都会开菊花会，人们饮菊花茶、菊花酒，吃菊花糕，人人玩赏菊花。民间还有花市、赛菊等活动，热闹非凡。皇宫中更会摆出千万盆菊花，供皇亲贵戚玩赏，到了晚上还要点菊花灯。

古人如此钟爱菊花，题菊花、咏菊花的诗句也实在是多。其中最脍

草木有本心

炙人口的，除了前面提到的元稹诗与陶渊明诗外，还有黄巢的一首诗：

待到秋来九月八，我花开后百花杀。

冲天香阵透长安，满城尽带黄金甲。

黄巢是唐朝末期的农民起义军首领，他曾经率军一路攻陷洛阳，直入都城长安，并登上了皇帝的宝座。"满城尽带黄金甲"虽写菊花满

城的景象，场面阔大，却传达出一种兵戎相见的意味，缺少沉稳与平和。相比之下，宋代女词人李清照写菊花就温婉多了，她说："帘卷西风，人比黄花瘦。""黄花"指的就是菊花。黄昏时分，她孤独地站在庭院里，金黄的菊花在秋风中颤抖，仿佛弱不禁风。于是她想到自己，心里的千般愁绪纷涌而来，人憔悴得简直比菊花还要瘦啊！

唐代诗人杜牧在他的诗作《九日齐山登高》中写道："尘世难逢开口笑，菊花须插满头归。"虽然生活中总有很多烦恼和不如意，但是何必在意呢？大家不如在这重阳佳节登高望远，一边将菊花插满头，一边笑着回家去，岂不自在？这是古代文人心目中金秋应有的爽朗。

　　菊花入药，能清热解毒；菊花与糯米、枸杞酿制而成的菊花酒，有养肝、明目的神奇功效，在古代被称为"长寿酒"，宋代诗人苏辙就曾写过："南阳白菊有奇功，潭上居人多老翁"的诗句。菊花与猪肉炮制成的"菊花肉"色泽金黄，荤中有素，素中有荤，香甜不腻，是一道美味的名菜；还有许多人爱用菊花泡茶，菊花茶口味清香而微甜，可以降火、明目，如果加几颗枸杞，再放上冰糖，就色香味俱全了，无论是冬天热饮，还是夏天冰饮，都是很好的饮品。

　　我国栽培菊花的历史已有三千多年。《诗经》和《离骚》里，都有不少关于菊花的描写。在两千多年前的秦朝首都咸阳，就曾出现过菊花展销的盛大市场。发展至今，菊花的品种已达到七千多个，不同品种的菊花外观差别很大。荷花状、绣球状、龙爪状的，正叶、长叶、圆叶的，单色、复色的……重阳时节，你可想去赏玩菊花？在缤纷的菊展上，你若是能背出几句菊花诗来，就再好不过啦！

# 秋声之弦——芭蕉

芭蕉叶叶为多情，一叶才舒一叶生。

自是相思抽不尽，却教风雨怨秋声。

——郑燮《咏芭蕉》

　　秋天，我们能听到许多声音，有秋雨淅淅沥沥之声，有秋风呼啸而过的萧瑟之声，也有草木随风摇落的凄凉之声。而在众多草木中，最能承载秋声的，要数芭蕉。如果说秋天的声音是一部复杂而美丽的乐章，那么芭蕉就是那奏出曲调的琴弦。有了芭蕉，秋天的声音才有了落脚处，文人们的笔下心头，也就添上了动听的音符，秋天的意味也变得不一样了。

　　芭蕉的叶子很大，翠绿翠绿的。秋风吹过，芭

蕉的叶子簌簌地应和着，秋雨飘过，芭蕉的叶子低低地啜泣着。白居易说："隔窗知夜雨，芭蕉先有声。"芭蕉把秋雨要说的话悄悄传到了人们耳朵里。人们听了芭蕉发出的秋声，就起了"秋情"。秋情是什么呢？或者忧愁，或者思念，或者追忆，或者怀旧，芭蕉就跟着人的感情一起变得多愁善感起来了。雨打芭蕉的声音像是女子的哭泣，又像是亲人的絮絮低语，听起来是多么令人寂寞啊！所以，在古代许多诗文中，芭蕉往往代表着人们的离情别绪。明代文人郑板桥说芭蕉"叶叶为多情"，也正是这个意思，谁让风雨在它的叶子上弹奏起那哀怨的秋声了呢？李清照写过一首词，词里表达的也是类似的意思：

学术有本心

窗前谁种芭蕉树，阴满中庭。阴满中庭。叶叶心心，舒卷有余情。
伤心枕上三更雨，点滴霖霪。点滴霖霪。愁损北人，不惯起来听。

词人的窗前有一株芭蕉树，芭蕉的叶子又大又阔，几乎遮住了整个院落。三更时分（夜里十一点到凌晨一点之间）下起了雨，雨打在芭蕉叶上，点点滴滴，敲打着人的心扉，真是惹人愁绪万千啊。由声入愁，芭蕉实在是一把忧伤的琴。

有人却偏偏喜欢芭蕉的秋声。大诗人杜牧就喜欢在自己窗前种植芭蕉，因为芭蕉传递的秋雨声可以让他想起故乡来。

关于芭蕉，还有一个有趣的小故事：春秋时，郑国的樵夫打死一只鹿，他怕鹿被别人看见，就把它藏在坑中，盖上芭蕉叶。过了一会儿，他忘了藏鹿的地方，便以为刚才是做了个梦，一路上念叨这件事。路旁有个人听说此事，便按照他的话，把鹿取走了。后来，人们就以"蕉鹿梦"来比喻得失荣辱如梦幻般虚无缥缈。

在古代，芭蕉是一种特别为人喜爱的植物，尤其是宋朝以后，芭蕉已成为园林中十分重要的点缀。人们常常将芭蕉与竹子种在一起，二者皆翠绿可人，气质典雅，

正巧相映成趣。芭蕉与竹，也因此被称为园林"双清"。生活中，芭蕉依旧很常见。在我国秦岭淮河以南地区，农舍边，庭院里，总有芭蕉的身影，它们舒展着翠绿欲滴的叶子，为周遭环境增添了一分清雅秀丽。

人们熟悉的芭蕉，不仅是芭蕉树，还有它的果实。芭蕉的果实，人们俗称"小香蕉"。香蕉和芭蕉如何区分呢？香蕉弯曲，像大大的月牙，芭蕉果则短短胖胖，挤在一起；香蕉的味道香甜细软，芭蕉吃起来甜，但回味带酸。

也许这一丝丝酸味里，便藏着芭蕉对秋的情思吧！当又一年夏天过去，季节又一次拨动了秋的琴弦，风风雨雨的秋声里，你可会想起小时候庭院中翠绿的芭蕉来？

第四章　冬之木

# 木中隐者——松

自小刺头深草里，而今渐觉出蓬蒿。
时人不识凌云木，直待凌云始道高。

          ——杜荀鹤《小松》

松是一种低调的树。一年四季，松似乎总是穿着同一件绿油油的衣裳，与世无争地站在公园里、马路边、房舍旁，一点也不起眼。松树没有张扬的花，也没有香气扑鼻的果，风儿来了，它就低头，阳光洒下来，它就舒服地伸展一下枝干。酷热也好，风霜也罢，松咬咬牙就过去了。在中国人心目中，松树代表着坚贞不屈的精神和万古长青的生命力。

松树是一种坚强的树，它可以忍受 $-60\ ℃$ 的低温或 $50\ ℃$ 的高温，可以在岩石、砂土，或者酸性的红壤中自由生长。不论是怎样恶劣的环境，松总能长得高高大大，把腰板挺得笔直。但在最初，刚开始长的小松树并不起眼，许多人都不认识它，只有当它长成参天巨木，冲破云霄，人们才为之惊叹！大诗人李白也赞叹松树："何当凌云霄，直上数千尺。"

松树不仅性格坚强，样子也好看。从皇家古典园林到现代居民家中，都能见到松树的倩影。在北京的北海公园、天坛公园、颐和园中，一棵棵油松、白皮松映衬着古代建筑，尽显古朴苍郁；盆景中常用的五针松，树形虽小，却完美地呈现了松树特有的嶙峋风骨；一些名山大川，更是山以松壮势、松以山出名。当中最出名的，要数生长于黄山的黄山松。

著名作家丰子恺就曾写过散文《黄山松》，来歌咏黄山松顽强的生命力和独特的神韵。黄山松的种子被风送到花岗岩的裂缝中去，以无坚不摧、有缝即入的钻劲，在那里发芽、生根、成长。黄山松造型奇特，它的针叶短粗稠密，枝干曲生，树冠扁平，有一种朴实而超脱的气势。人们根据它们不同的形态和神韵，分别给它们起了贴切自然又典雅有趣的名字，如迎客松、黑虎松、卧龙松，等等。黄山松终日与奇石、云雾、山泉为伴，日子久了，自有一分仙风道骨。

低调、坚强、

超然，松真是一位山水间的隐者。它在把山装点得如诗如画的同时，自己也成为山水画中不可或缺的一部分。在中国传统山水画里，松一直是一个重要的题材。古人以"松与石"这一元素来点缀山水，于是画中山水便多了一分苍劲有力、古朴隐逸之气。

冬天是松最美的季节。当皑皑白雪映着绿油油的青松，这百草凋零的时节便也能让人感受到清新与希望。陈毅大元帅就特别喜欢雪中的青松，他曾作诗赞美说："大雪压青松，青松挺且直。要知松高洁，待到雪化时。"

　　松虽是隐者，却绝不是一种"自私"的树。松有许多实用价值：松木是制作家具的重要木材，松木家具质感朴实无华、纹理栩栩如生、色泽清纯亮丽，把家居环境装点得素雅、纯净；古人用松木燃烧后所凝结的黑灰来制作墨；并赋予这种墨一个充满诗意的名字：松烟墨；松树的种子即松子，不仅是一味中药，也是人们喜爱的零食，经常食用松子可以强身健体，延年益寿。

　　品行与外貌上高洁隐逸、与众不同，功能上却如此"接地气"，松这样的隐者之木，你喜欢吗？

# 陵上常青柏

青青陵上柏，磊磊涧中石。
人生天地间，忽如远行客。

——《古诗十九首·青青陵上柏》

　　古时候，有一个名叫"魍魉"的妖兽，无恶不作，甚至偷食逝去之人的遗体，许多遗体都遭到它的亵渎。这魍魉不仅神出鬼没，而且灵活无比，人们难以防范。后来，人们发现魍魉十分惧怕老虎和柏树，所以就开始在墓地旁边竖立石虎、种植柏树。

　　古人在陵寝上种植柏树的传统由来已久。柏树四季常青，树形伟岸挺拔，一直被人们当作是正义、高尚、长寿以及不朽的象征。因此，古人往往将柏树与松树、柳树等一起栽种在坟地旁，象征死者的长眠不朽，并盼望他们死后

能得到安宁幸福。直到今天，我们还能看见黄帝陵轩辕庙中有一棵巨大的柏树。相传，这棵柏树由黄帝亲手所植，距今已经有四千多年的历史了。

汉乐府民歌《青青陵上柏》，开篇即咏陵寝之上高大苍翠的柏树，可见当时在墓地种植柏树已经非常普遍了。在山东曲阜的孔陵、孔林、孔庙，处处可见古柏参天，柏树鳞次栉比，把气氛烘托得庄严肃穆。杜甫在《蜀相》中写一代名相诸葛亮的祠堂，就有"丞相祠堂何处寻，锦官城外柏森森"的诗句。柏树可以说是古人陵寝当之无愧的"守护神"。

把柏树作为墓地"守护神"的，并不仅仅是中国人。在西方国家，

人们也常将柏树种在墓地旁，表达对前人的敬仰和怀念。古罗马时期，人们的棺木往往用柏树制成，而且希腊人和古罗马人都会将柏树枝放入灵柩之中，祈求死者在另一个世界能够得到安宁和幸福。

孔子十分崇尚柏树，他曾说："岁不寒，无以知松柏；事不难，无以知君子。"这是说，严冬腊月里，唯有松柏依旧苍翠坚强，品德高尚的君子也应当学习松柏这种不畏艰难的精神。所以后世读书人也多崇尚柏树的精神，把它奉为"百树之长"。

我国古柏最多之处，当数北京。北京的古柏，树龄在五百年以上的约有五千棵以上，它们以树龄古老、姿态奇绝和传闻有趣而驰名中外。许多皇家坛庙、皇家园林、帝王陵寝、古寺名刹，都有苍老遒劲、巍峨挺拔的古柏。天坛、日坛、地坛、北海、景山、中南海、故宫御花园、

草木有本心

孔庙，以及颐和园、香山、八大处、十三陵等处的古柏群，举世闻名。这些长寿常青、木质芳香、经久不朽的柏树，承载着修建者"江山永固，万代千秋"的美好愿望。

美国前国务卿基辛格博士在参观天坛时说："天坛的建筑很美，我们可以学你们照样修一个，但这里美丽的古柏，我们就毫无办法得到了。"著名艺术大师徐悲鸿先生曾以北京的古柏为题，作过多幅国画，他在题记上写道："北京为世界上古树最多之都会，满京城洋洋大观的古树，的确是京城的一大特色。"

柏树能散发出一种特殊的香气。中医认为，柏树的香气具有清热解毒、燥湿杀虫的作用，可祛病抗邪，培养人体正气。当人们行走在柏树林中，浅淡的柏香从枝叶间徐徐溢出，阳光和煦，群鸟啁啾，古建筑上的琉璃瓦反射着柔和的光，微微闭上眼睛，深吸一口气，柏树与泥土的气息似乎从远古而来，带着自然特有的清新与甜美，有风轻轻拂过，人们会感到身心都得到了放松，一切压力与烦恼在这一刻仿佛不复存在。

# 金盏银台话水仙

凌波仙子生尘袜，水上轻盈步微月。
是谁招此断肠魂，种作寒花寄愁绝。
含香体素欲倾城，山矾是弟梅是兄。
坐对真成被花恼，出门一笑大江横。

——黄庭坚《王充道送水仙花五十支》

春节前后，正是水仙花开的时节。

水仙的叶子翠绿而狭长，叶丛中间托出一朵朵亭亭玉立的水仙花来。水仙花模样清丽，它外层的花瓣是白色的，内层则围着花蕊生有一层鹅黄色的花瓣。整朵水仙花开放时，就像是精致的银台上托着小巧的金杯，实在惹人怜爱。于是，古人给水仙取了一个极为形象的名字：金盏银台。

水仙花芬芳清新，素洁幽雅，超凡脱俗，人们自古以来就将它与兰花、菊花、菖蒲并列为花中"四雅";又将它与梅花、茶花、迎春花并列为雪中"四友"。它只要一碟清水、几粒卵石，置于案头窗台，就能在万花凋零的寒冬腊月展翠吐芳，营造出春意盎然、祥瑞温馨的气氛。因此，中国古人将它视作吉祥美好、纯洁清高的花木，也喜欢将它作为"岁朝清供"的年花，用以庆贺新年。岁朝清供，是指正月里人们摆在案头供观赏、玩味的各种风雅物品，如盆景、插花、时令水果、文物，等等。

隆冬时节，窗外一片萧索，若在室内临窗插上一株水仙花，看它宛若一名绿裙青带的少女，亭亭玉立于清波之上，风过，一阵幽香拂来，着实会给春节平添一份清雅的乐趣。宋代大诗人黄庭坚是水仙的忠实"粉丝"，他一生写过许多首歌咏水仙的诗。在开篇这首《王充道送水仙花五十支》里，他称赞水仙是传说中的"凌波仙子"，有倾国倾城之姿。

水仙不仅深得文人钟爱，更是艺术家们眼中的珍品。中国画中有不少以水仙为题材的作品。明代画家王穀祥的长卷《水仙图并书赋》中绘有四簇怒放的水仙，整卷画犹如一出以水仙为主角的戏剧，起承转合，浑然天成，历来为人称道。水仙不仅是艺术创作的题材，它本身也是艺术品。水仙雕刻是

一门从古流传至今的精妙手艺，人们通过对水仙花、叶和球茎的精雕细琢，使雕刻水仙变得更加精致美观，或更加巧妙生动。春节前后的花市经常会有形态各异的雕刻水仙出售，这些曼妙而香气馥郁的雕刻水仙承载着人们对新一年的美好愿望。

虽然水仙在中国如此"高人气"，它却是名副其实的"舶来品"。唐代以前，中国并没有水仙，直到唐朝从意大利引进水仙花种，这位"凌波仙子"才在中国落地生根。一千多年里，中国人经过反复选育、栽培，逐渐把水仙塑造成了我们今天看到的样子。这种与"洋水仙"截然不同的水仙，便被称作"中国水仙"。

在西方，水仙是"自恋"的代名词。这源于希腊神话中的一个故事：纳西索斯（Narcissus）是希腊神话里的美少年，他出生后，母亲得到神谕：

他会成为天下第一美男子，但他也会因为迷恋自己的容貌郁郁而终。为了逃避神谕的应验，纳西索斯的母亲刻意安排儿子在山林间长大，远离溪流、湖泊、大海，为的是让纳西索斯永远无法看见自己的容貌。山林女神厄科（Echo）对纳西索斯一见钟情，但纳西索斯却对她的痴情不理不睬。纳西索斯的铁石心肠使山林女神伤透了心，爱神为了惩罚纳西索斯，就把他化成水仙，盛开在有水的地方，让他永远看着自己的倒影。Narcissus 一词也就成了水仙花的名字。大概，神话之所以选择水仙作为美少年的代名词，也正是因为它与众不同的美丽与清高吧！

但它却并不是一直离我们那样遥远，不信你可以留心去找找，或许就能在亲戚朋友家看到呢！

# 腊月时节蜡梅香

定定住天涯，依依向物华。
寒梅最堪恨，常作去年花。

——李商隐《忆梅》

　　腊月时节，蜡梅像娇羞的小姑娘，悄悄在枝头露了面。蜡梅花是黄色的，花瓣透着微微的光泽，就像涂了一层薄薄的蜡。宋代大文豪苏东坡说它的花"香气似梅，类女工捻蜡所成"，也把它命名为"蜡梅"。许多诗人根据它这一特点，将花与蜡融汇成句，如"蝶采花成蜡，还将蜡染花"，别有一番意趣。

　　"隆冬到来时，百花迹已绝，唯有蜡梅破，凌雪独自开。"蜡梅花开春前，甚至比梅花开得还要早，为百花之先，故人称早梅。文人们爱蜡梅的这份清幽，又把它称作"寒梅""寒客"。

　　蜡梅花的香气幽冷幽冷，不刺鼻，却沁人心脾；不浓烈，却足以让人驻足沉醉。寂静的冬夜里，如果你无意间邂逅一<u>丛</u>蜡梅，蜡梅的香气温柔地将你包围，你深呼吸，这暗香仿佛由鼻腔充斥整个身体，随着清新的寒气一起，直达五脏六腑，一时间"肝胆皆冰雪"，平日里忙碌、芜杂的心灵会被这一份幽静与清冷彻底涤荡。

　　蜡梅入诗，诗里便会多几分清幽。"知访寒梅过野塘"，踏雪寻梅，意趣盎然；"寒梅最堪恨，常作去年花"，则是由于蜡梅常被人们当作旧年的花，而感伤自己留滞异乡之苦了。蜡梅入室，则为室内添了些吉祥美好的意味。蜡梅同水仙、天竹果同为"岁朝清供"佳品，严冬时节，若将几枝蜡梅插入花瓶中，供于书案上，便能在清香中过个和和美美的好年。蜡梅入菜，也是一味佳肴。李时珍在《本草纲目》中说："蜡梅采花炸熟，水浸淘净，油盐调食"，既是味道颇佳的食品，又能"解热生津"。亦雅亦俗，可赏可用，蜡梅实在是可爱。

蜡梅不是梅花。在植物学上，蜡梅属于蜡梅科，而梅花则属于蔷薇科，它们的花色、花形、株形等均不相同。蜡梅在腊月开花，花呈黄色；而梅花则要到冬末春初才开花，比蜡梅花期晚两个月左右，有白、粉、深红、紫红等多个颜色。只因同有一个"梅"字，二者往往被误认为是同一种植物。

蜡梅是中国传统名贵观赏花木，有素心蜡梅、磬口蜡梅、狗牙蜡梅等品种，其中以素心蜡梅最为名贵。其余品种的蜡梅花瓣内层均呈紫红色，唯有素心蜡梅内外层花瓣皆为黄色，纯净无瑕，香气馥郁。

提到素心蜡梅，就不得不提中国的"蜡梅之乡"——鄢陵。鄢陵地处河南，是西周鄢国所在地。相传，起

初蜡梅并无芳香的气味。鄢国的国君很喜欢蜡梅花，但又嫌它不香，便下令花匠限期让蜡梅吐香，否则就要受到严惩。正在花匠束手无策时，一位姓刘的隐士带来几枝蜡梅砧木，将它们嫁接在原来的蜡梅上。到了寒冬腊月，百花凋零，素心蜡梅花苞绽出阵阵幽香。国君龙颜大悦，花匠得以平安，鄢陵素心蜡梅也从此名扬天下。

王维诗曰："君自故乡来，应知故乡事。来日绮窗前，寒梅著花未？"腊月时节，不妨出门寻访一番，看看霜雪之中可有蜡梅盛开？

墙角数枝梅，凌寒独自开。

遥知不是雪，为有暗香来。

——王安石《梅》

梅是新年开的第一种花，是寒冬将走未走时的第一抹生机，是从雪中探出的第一枝春色。古人说梅"独天下而春"，是传春报喜、吉祥如意的象征。

梅是中国特有名木，在我国已有三千多年的栽种历史。梅在古代中国意义非凡，人们把它列为中国十大名花之首，并与兰花、竹子、菊花合称"四君子"，与松、竹并称"岁寒三友"。在中国传统文化中，梅主要有三重意象。

梅象征坚忍不拔的精神。宋代大诗人王安石的《梅》即歌咏了梅花凌霜傲雪的品格。梅开时分，雪还未化，古人喜欢将梅与雪同赏，"梅须逊雪三

**梅开独先天下春**

草木有本心

116

分白，雪却输梅一段香"，红梅映白雪，衬托出一个宁静又美丽的琉璃
世界。

　　梅代表清高优雅的气质。梅在百花争艳之前率先开放，像是一位不
肯与世俗同流合污的君子，令人崇敬。宋代有位叫林逋的诗人，他为人
清高，独自隐居在杭州西湖的孤山，终生没有做官，也没有娶妻生子。
林逋独独钟爱梅与鹤，称自己"以梅为妻，以鹤为子"。这位"梅痴"
一生写下许多著名的咏梅诗篇，其中"疏影横斜水清浅，暗香浮动月黄
昏"两句，将黄昏月下，梅秀丽高洁的气质与幽幽香气描写得生动典雅，
历来为人称道。

　　梅是春的"信使"。北魏诗人陆凯在春天登上江南梅岭，梅花怒放
中，他回首北望，想起了远在北方边塞的好友范晔。于是他折下一枝梅
花，并挥笔题写一首诗，交给了北上的驿使。诗里这样写："折花逢驿
使，寄予陇头人。江南无所有，聊赠一枝春。"小小一枝梅花里，蕴含

的是整个江南的春色啊！

古人赏梅很有讲究，色、香、形、韵、时，五者缺一不可。

梅花花色繁多，有紫红、粉红、淡黄、淡墨、纯白等许多种。"红梅"花形极美，花香浓郁；"绿萼"花白萼绿，香味袭人；"紫梅""玉蝶"等，形态不一，各具特色。梅花的香味被历代文人墨客称为"暗香"，"着意寻香不肯香，香在无寻处"，这股香味让人难以捕捉，却又时时沁人肺腑、催人沉醉。

"梅形"就是梅的形态和姿势。古人说"梅以形势为第一"。梅的枝干以苍劲嶙峋为美，如果形若游龙、遒劲倔强的枝干上点缀几朵梅花，再覆上一层薄雪，宛若一幅浑然天成的水墨画。

"梅韵"则是梅的韵味。古人赏梅讲究"贵稀不贵密，贵老不贵嫩，贵瘦不贵肥，贵含不贵开"。一树有"韵"的梅，贵在枝疏、干老、骨

瘦、花半含苞。

探梅赏梅的时间也很重要：过早，梅含苞未放；迟了，则枯萎凋谢。赏梅的最佳时间在惊蛰前后十天。古人认为梅花是"将开未开好"，含苞欲放的梅最为动人。

除却观赏，梅还有很高的实用价值。新鲜的梅花可提取香精，梅的花、叶、根和种子均可入药。梅的果实叫作梅子，可直接食用，也可盐渍或熏制成乌梅入药，有止咳止泻、生津止渴的功效。早在春秋时代，人们就将梅子作为调味品了。

梅是江南好。无锡梅园、南京梅花山、武汉磨山、韶关梅岭等地，历来为赏梅胜地。春入江南，不妨也去品赏一番，感受一下梅花"暗香""疏影"的风采吧！

草木有本心

咬定青山不放松，立根原在破岩中。

千磨万击还坚劲，任尔东西南北风。

——郑燮《竹石》

121

**文明的记录者——竹**

　　竹是中华文明的记录者。有了竹，才有了中国历史。竹简是古人用来写字的竹片，"简"字从竹字头，它最初的意思就是竹片。每个竹片写一行字，将一篇文章的所有竹片编联起来，就成了"简牍"。简牍是古人在纸张发明之前书写文书的主要材料，是我国最古老的图书之一。它是我国历史上使用时间最长的书籍形式，是纸张普及之前古人的主要书写工具。从殷商到魏晋，简牍对文化传播起到了重要的作用。可以说，春秋战国时期能有"百家争鸣"的文化盛况，《史记》《汉书》等历史巨著能流传至今，作为简牍原材料的竹功不可没。

　　有了竹，才有了传统管乐。相传，黄帝曾指使一个叫伶伦的人定"音律"。伶伦便从昆仑山南麓取来竹子，轻轻吹起，声音优美，恰合中国传统音乐的音律，从此便有了箫、笛、笙等传统管乐器。"牧笛横吹""玉人何处教吹箫"等等美好的意境，都离不开竹的装点。

　　有了竹，才有了传统科学。算盘是中国古代重要的运算工具，它的前身"算筹"，就是用竹签做筹码来进行运算的。"筹"字从竹字头，最初的意思便是"竹制计数器具"。随着火药的发明，南宋时人们采用竹管制造出"突火枪"，这是世界上第一种能够发射子弹的步枪。

　　在人们日常生活起居饮食中，竹同样不可或缺。秋冬时，没有长出地面的竹芽叫作冬笋；春雨过后，长出地面的竹笋则叫作春笋，冬笋春笋，都是餐桌上常见的美味佳肴。竹子可修筑成竹楼，做成竹床、竹椅，加工成凉席、竹筷、菜篮等；新鲜的竹叶可做竹叶粽子，而枯落的竹叶，晒干了可用来作柴火；竹根可做成美观雅致的竹雕、龙头拐杖或者精美的笔筒……宋代大文豪苏东坡曾感叹地说："食者竹笋、庇（居住）者竹瓦、载者竹筏、炊者竹薪、衣者竹皮、书者竹纸、履者竹鞋，真可谓不可一日无此君也。"

除了实用性，竹所代表的精神也历来为文人所景仰。竹是"梅兰竹菊四君子"之一，人们给竹子归纳了七种品德：它枝干笔挺，象征正直；它身有竹节，节节上长，象征奋进；它外直中空，象征虚心、宽容；它很少开花，象征质朴；它挺拔修长，象征卓尔不凡的君子；丛生丛长，象征善于与人沟通合作；它担负着传承中国文化的重任，象征担当。清代郑板桥尤其爱竹，开篇这首《竹石》便表达了他对竹的赞美与喜爱。郑板桥还爱画竹，他笔下的竹有一种孤傲、刚正、倔强的气概，像极了他本人的性格。

竹是中国土生土长的植物，主要分布在我国南方。看竹，要在冬天雪地里最美。试想，一片萧瑟之中，墙角几丛翠竹覆着一层薄雪，映衬着近

处的粉墙黛瓦，远处隐隐的山峦，该是怎样静谧与美好。

王维诗曰："隔牖风惊竹，开门雪满山。"隔窗听到风声轻轻敲着窗前的丛竹，推开门，但见大雪盖满了对面的群山，天上地下，一片安宁纯粹，真是让人思之神往啊。